VENTAIRE
25,323

I0074416

CONGRÈS

POUR

...DE DES FRUITS A CIDRE

1ʳᵉ Session.

CAEN.

NOVEMBRE 1864

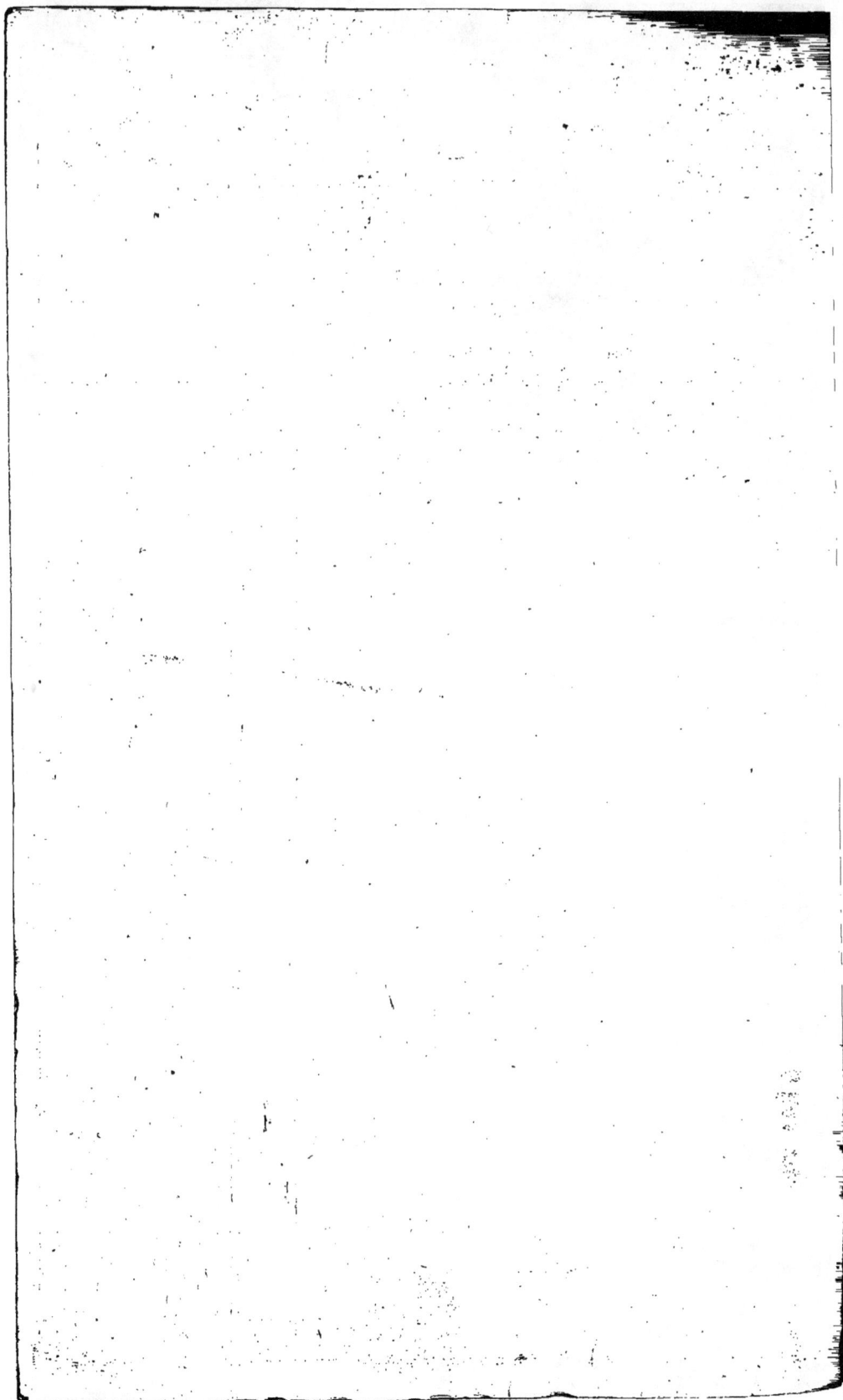

DÉPOT LÉGAL
Seine Inférieure
N° 161
1865.

CONGRÈS

POUR

L'ÉTUDE DES FRUITS A CIDRE

1re Session.

—

CAEN.

—

NOVEMBRE 1864

—

1865

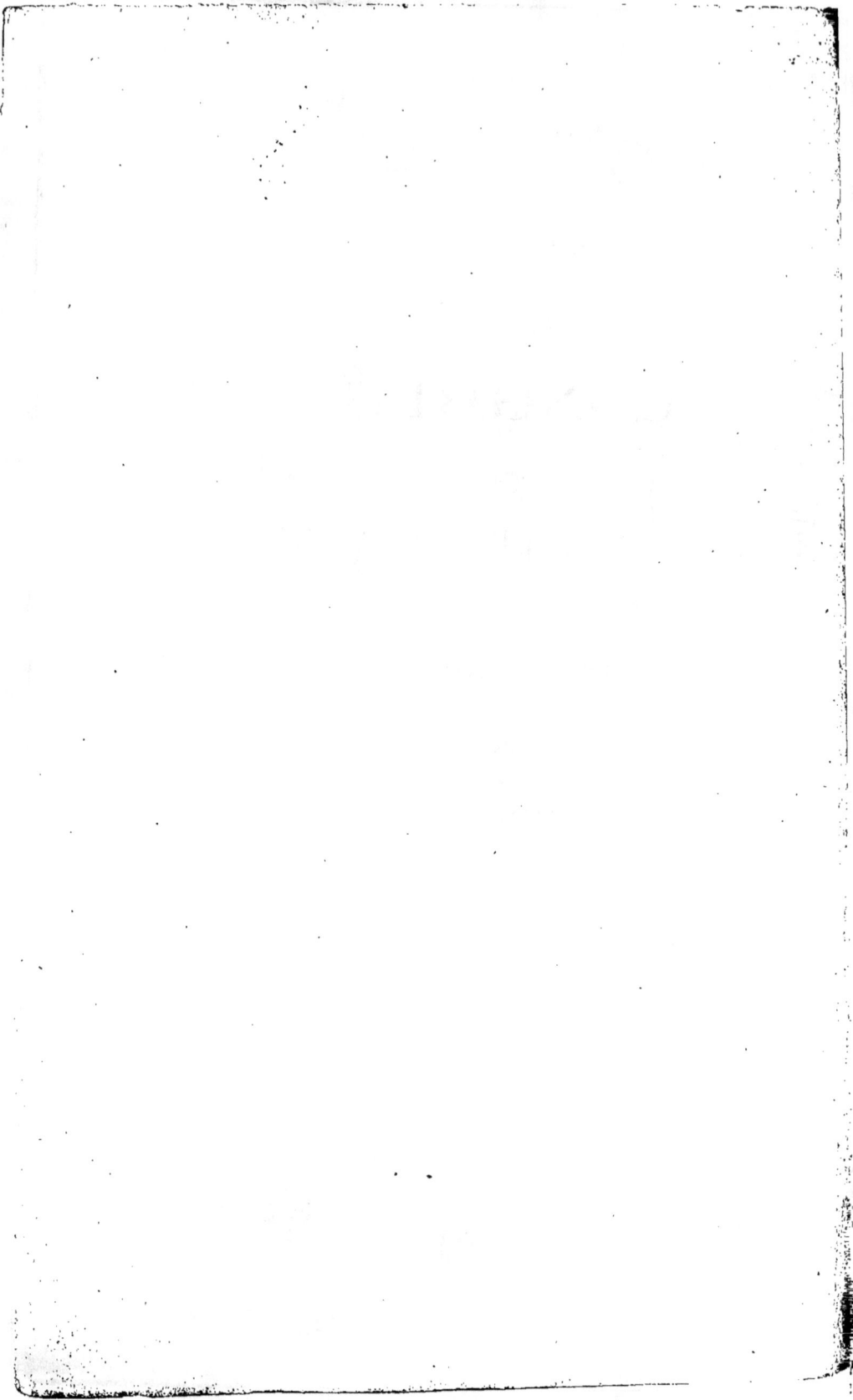

CONGRÈS

POUR

L'ÉTUDE DES FRUITS A CIDRE

1re SESSION

Tenue à Caen du 8 au 12 Novembre 1864.

PROCÈS-VERBAUX DES SÉANCES.

Séance du 9 novembre (1). — La réunion est composée de :
MM. l'abbé Blin, de Lasson, près Caen ;

de Bonnechose, secrétaire de la Société d'Horticulture de Caen, propriétaire à Bayeux ;

de Boutteville, vice-président de la Société d'Horticulture de la Seine-Inférieure ;

Damours, délégué de la Société d'Horticulture de la Seine-Inférieure, pépiniériste à Roncherolles, près Rouen ;

Defrance (Henri), délégué de la Société de l'Orne ;

Dupont, propriétaire à Alençon (Orne) ;

Cte d'Estaintot, président de la Société d'Horticulture de la Seine-Inférieure ;

Fontaine ;

(1) La journée du 8 novembre a été employée à l'examen des collections de fruits réunis par les soins des Sociétés d'Agriculture et d'Horticulture de Caen, et à l'attribution des récompenses aux exposants.

MM. Haudrechy fils aîné, délégué de la Société d'Horticulture de la Seine-Inférieure, rue Bihorel, à Rouen ;

Holzmann (Edmond), propriétaire à Caen ;

Laisné, président du Cercle d'Horticulture d'Avranches ;

Michelin, délégué de la Société d'Horticulture de Paris, rue du 29 Juillet, 3, à Paris ;

Morel ;

Thierry, propriétaire et directeur du Jardin botanique de Caen ;

J. Ravenel, de Falaise.

L'Assemblée élit pour président M. Michelin, pour secrétaire M. Thierry, et pour secrétaire-adjoint M. de Bonnechose.

ORGANISATION DES TRAVAUX. — Avant de faire procéder à l'examen des fruits qui doivent être étudiés par l'Assemblée, le Président fait un résumé rétrospectif des travaux exécutés à Rouen. Il entre dans des détails sur le mode adopté, au sein de la première Commission d'études, pour la rédaction du procès-verbal détaillé auquel chaque fruit doit être rattaché par un numéro d'ordre, et dans lequel il doit figurer avec toutes les indications qui en font connaître l'aspect et le mérite.

Le Président rappelle le mode de classification adopté précédemment, lequel consiste dans l'application à chaque variété, d'un nombre de points d'autant plus élevé qu'elle possède, eu égard toutefois aux aptitudes de l'arbre, plus de valeur relative. Le nombre de ces points varie de un à six, le zéro étant attribué aux fruits définitivement rejetés, et le six ne pouvant être dépassé.

Afin de bien préciser la valeur de chacun de ces six degrés de mérite, on a, dès le début des études, choisi parmi des variétés connues, des types dont on peut rapprocher les fruits examinés. Ainsi, la première catégorie, celle des pommes qui méritent une annotation de six points, peut être représentée par les variétés suivantes : Peau-de-Vache, Bédan, Rouge-Brière, Marin-Anfray ou leurs équivalents ;

La seconde catégorie, cinq points : Sonnette, Barillet, Coqueret ;

La troisième catégorie, quatre points : Fréquin, Ecarlatine ;

La quatrième catégorie, trois points : Bouteille ;

La cinquième catégorie, deux points : Blanc-Mollet ;

La Sixième catégorie, un point : Belle-Fille :

Zéro, rejeté : Gros-Papa.

Les fruits sont en outre classés, d'après leur époque de mâturité, en trois saisons, comme suit :

Première saison : fruits mûrissant en août et septembre ;

Deuxième saison : octobre et novembre ;

Troisième saison : décembre et janvier.

L'Assemblée, appréciant qu'il y a un grand intérêt à uniformiser ce mode de procéder, qui déjà avait été approuvé et jugé satisfaisant, résout de le suivre. Elle exprime également le vœu que les études qui auront été produites par la présente session, ainsi que les procès-verbaux qui résulteront de l'opération actuelle, soient publiés et adressés à chacun des membres du Congrès.

PROPOSITION D'UNE ASSOCIATION PERMANENTE POUR L'ÉTUDE DES FRUITS A CIDRE. — M. Michelin émet ensuite l'opinion que la réunion actuelle devra avoir pour conclusion la rédaction d'un acte sérieusement élaboré et pesé, lequel formera un lien durable entre les Sociétés et les propriétaires ou cultivateurs du Nord-Ouest de la France, qui sont intéressés dans l'amélioration du cidre, résultat infaillible d'une culture mieux entendue des fruits.

De l'épreuve faite par les soins éclairés des Sociétés d'Agriculture et d'Horticulture de Caen devra naître l'institution et l'organisation définitive d'un Congrès spécial qui se réunirait, chaque année, dans un des centres des cultures normandes, bretonnes et picardes, et apprécierait, pour les arrêter, les travaux d'étude qui auraient été faits, pendant le cours de l'année, par les Sociétés locales.

Comme développement de son opinion à cet égard, M. Michelin donne lecture d'un article qu'il a rédigé et fait imprimer dars le journal la *Revue horticole*, publié à Paris et fort répandu dans les départements (numéro du 1er novembre 1864.) Dans la rédaction de cet article, il s'est appliqué à faire ressortir les efforts qui depuis deux ans ont été accomplis au sein de la Société d'Horticulture oe Rouen et vers quel but ils ont été dirigés.

Le Président termine en proposant la nomination d'une Commission chargée de préparer un projet d'acte qui puisse remplir
le but dont il s'agit.

La proposition est adoptée, et MM. Michelin, Président, repré-
sentant la Société d'Horticulture de Paris ; Thierry, Secrétaire de
celle de Caen, et le Dr de Boutteville, Vice-Président de celle de
Rouen, sont chargés d'étudier la question et de soumettre à l'Assemblée un projet de statuts.

M. Michelin ajoute que M. le Maire de Caen, qu'il a eu l'honneur d'entretenir des questions relatives au Congrès, a bien voulu
accepter la présidence d'une assemblée générale, qui aurait lieu le
vendredi 11 novembre, à deux heures, à la Mairie, et dans
laquelle il sera statué sur le projet d'association dont il vient d'entretenir la réunion.

Ces préliminaires terminés, on s'occupe de l'examen des fruits
déposés sur le bureau, en ayant soin, dans les cas où ils avaient
été déjà étudiés à Rouen, de rapprocher la description nouvelle
de l'ancienne, afin que l'identité en fût autant que possible
reconnue.

A cet effet, M. Haudrechy, délégué de la Société de Rouen,
remet à la Compagnie cinq exemplaires du 4e cahier du tome II
de la *Pomologie de la Seine-Inférieure*, lequel comprend, entre les
pages 169 et 216, les variétés de pommes et de poires dégustées
et décrites en 1862, année de l'ouverture des travaux de Rouen.

M. le Dr de Boutteville met de son côté sous les yeux de ses collègues les cahiers sur lesquels il avait précédemment dessiné, en
les appliquant sur le papier, après les avoir tranchés par moitié,
les fruits qui avaient paru mériter l'attention. Ce membre propose de continuer la même opération pour les fruits qui vont être
soumis à l'étude. M. de Boutteville a été secondé par M. J. Ravenel, de Falaise, dans ce travail, qui complète les descriptions en
reproduisant rigoureusement les contours et les parties caractéris-
tiques de l'intérieur des fruits.

M. Haudrechy veut bien remplir plus particulièrement la tâche
d'indiquer au Secrétaire les signes distinctifs, éléments des descriptions.

Le travail ainsi organisé est suivi dans les séances tenues
chaque jour, de neuf heures à onze heures du matin, et de une

heure à quatre heures après midi, et dans lesquelles 67 variétés de pommes choisies parmi les meilleures des collections de Bayeux et Thomine (département du Calvados), de Remalard et Vimoutiers (département de l'Orne), d'Avranches (département de la Manche) et de Clastres (département l'Aisne), ont été examinées, dégustées, et appréciées (1).

Séance du 11 novembre. — PROJET DE STATUTS. — M. Michelin, président, en qualité de rapporteur de la Commission qui a été chargée de rédiger le projet de Statuts du Congrès, a donné lecture : 1º d'un exposé préliminaire ; 2º des articles composant lesdits statuts, au nombre de sept.

La Compagnie a écouté avec intérêt cette lecture et, après quelques observations échangées par ses membres sur des points de détail, approuvant l'ensemble des dispositions, a adopté le projet comme devant être présenté devant l'assemblée des deux Sociétés d'Agriculture et d'Horticulture qui doit, ce même jour, être tenue à l'Hôtel-de-Ville, sous la présidence de M. le Maire de Caen (2).

Séance du 12 novembre. — DÉGUSTATION DE CIDRE ET D'EAU-DE-VIE DE POIRÉ. — Il est déposé sur le bureau deux bouteilles de cidre, année 1863, et une bouteille d'eau-de-vie de poiré.

Le cidre est accompagné d'une lettre de M. André de la Sicotière, propriétaire à la Rémonderie, près Alençon (Orne), dans laquelle le présentateur explique que cette boisson, préparée sans eau et sans apprêt, est faite avec les fruits qu'il croit de la meilleure qualité dans le pays qu'il habite.— Ce cidre est jugé un peu maigre, peu onctueux, toutefois de bonne qualité.

L'eau-de-vie présentée par M. Bienvenu, de l'Aigle (Orne), est encore nouvelle, assez satisfaisante, même bonne.

VALEUR RELATIVE DES GROS ET DES PETITS FRUITS. — Dans le cours de l'examen des fruits, une discussion s'engage entre les membres présents sur la valeur relative des gros et des petits

(1) Les résultats de ces études, sont consignés dans un procès-verbal spécial qui est reproduit ci-après.

(2) Le procès-verbal de cette séance et les statuts qui y ont été adoptés font l'objet d'une publication spéciale.

fruits. Plusieurs membres font ressortir l'avantage des petits fruits, sous le rapport de l'abondance de la récolte, de l'attache plus solide aux arbres, qui a pour conséquence moins de perte, de la force alcoolique de la boisson qu'on en tire, et enfin de la plus grande quantité d'épiderme à poids égal, ce qui est important, puisque la partie du fruit en contact avec l'épiderme contient la portion la plus précieuse pour la fabrication du cidre.

D'autres membres font observer que, dans le pays d'Auge, les fruits dominants sont les gros, et que leur produit fournit un litre d'alcool par huit à neuf litres de cidre, ce qui prouve suffisamment la force de celui-ci.

Un autre membre ajoute, relativement à la question agitée, que, se fondant sur les données rigoureuses de la géométrie, et, sans contester la qualité des petits fruits, il est bon de se rappeler, pour ce qui est de l'abondance du produit et de la quantité de l'épiderme, qu'un fruit de même forme qu'un autre, mais d'un diamètre double, offre quatre fois autant de surface et huit fois autant de substance ; et que, s'il avait un diamètre triple, la surface vaudrait neuf fois la première et le volume vingt-sept fois autant.

Ces diverses considérations paraissent à l'Assemblée de nature à appeler l'attention des cultivateurs.

ALLOCUTION DU PRÉSIDENT. — A la fin de cette dernière séance du Congrès, M. Michelin adresse à l'Assemblée l'allocution suivante : « Avant notre séparation, Messieurs, il me paraît utile de jeter un coup d'œil sur les travaux que nous venons d'exécuter et d'envisager les résultats qui pourront en être obtenus, lorsque nos efforts viennent d'être récompensés dans la réunion qui, en cet Hôtel-de-Ville, le 11 courant, sous la présidence de M. le Maire et avec le concours des deux Sociétés d'Agriculture et d'Horticulture, a arrêté les statuts du futur Congrès.

« Désormais nous travaillons pour un but bien déterminé et que nous sommes asurés d'atteindre avec de la persévérance. Tous nos soins doivent tendre à faire apprécier l'utilité de nos travaux par ceux qui peuvent les appuyer par leur adhésion. Il importe que le plan tracé à Rouen, et dont nous avons éprouvé la bonne conception et les bons résultats soit suivi en tous points. Il importe également que l'impression des tableaux descriptifs que vous venez de dresser permette de les livrer à la publicité. Des mesures devront être prises, à cet égard, par le bureau de la Société d'Horticulture de Rouen qui, par une disposition transitoire des statuts, est chargée, pendant un an, de nous administrer. Il sera à propos à cet égard que M. Thierry, notre Secrétaire, aujourd'hui dépositaire des documents de la session, veuille bien s'entendre avec M. le Président de la Société de Rouen. D'après l'offre de MM. les délégués de cette ville, des exemplaires des fruits dégustés et décrits seront emportés par eux, et je renouvelle devant eux le vœu, déjà émis par vous, que le moulage de ces fruits puisse être exécuté et vienne ajouter de nouvelles ressources à celles que donne pour les études la collection commencée à Rouen.

« Je dois ici vous rappeler l'offre qui a été faite dans une de nos dernières séances, par M. Henri Defrance, délégué de la Société de l'Orne, et émanant de cette Société elle-même qui, allant avec un empressement louable au-devant des désirs du nouveau Congrès, dès l'instant même de sa constitution, vient nous demander de fixer la ville d'Alençon comme siége de réunion pour l'année 1866. Je suis heureux de constater ici cette offre encourageante pour votre zéle, et je crois aller au-devant de votre sentiment en priant M. Thierry, Secrétaire de l'assemblée, d'en transmettre nos remercîments bien sincères à M. le Président de la Société de l'Orne. »

Le Secrétaire,   Le Président,
G. Thierry.   Michelin.

LISTE ALPHABÉTIQUE & DESCRIPTIVE

DES

POMMES A CIDRE

MISES A L'ÉTUDE

Pendant la Session tenue à Caen, au mois de Novembre 1864.

———

NOTA. — Les numéros d'ordre qui précèdent les noms des fruits correspondent aux dessins exécutés pendant les séances et faisant partie des archives du Congrès.

66. **Amer-doux** (petit). — 2ᵉ saison. — Sol argileux. — Arbre? — Fruit moyen, aplati, plus développé d'un côté que de l'autre; épiderme jaune-verdâtre, lavé de rouge vif, parsemé de points bruns; œil fermé, placé dans une cavité peu profonde, plissée irrégulièrement et mamelonnée; pédoncule court, charnu, parfois ligneux, enfermé dans une large cavité, peu profonde, lavée de gris-fauve; chair blanc-jaunâtre, tendre; eau abondante, sucrée, un peu âpre au palais. — 3 points. — *Lisieux. Collection Daufresne.*

15. **Ameré doux gris.** — 2ᵉ saison. — Lias. — Arbre fertile, forme arrondie. — Fruit moyen, irrégulier, déprimé, non symétrique; épiderme jaune-verdâtre, coloré de rouge brun; œil large, fermé, dans une cavité assez large, plissée; pédoncule charnu et court, disparaissant dans une cavité assez profonde, entièrement tapissée de gris; chair blanche, ferme, sucrée, amère; eau suffisante. — 5 points. — *Collection de la Société de Bayeux.*

31. **Ameret vert** — 2ᵉ saison. — Sol argileux. — Arbre à tête peu garnie, peu fertile. — Fruit moyen, conique; épiderme jaune

clair, pointillé de brun et marbré, lavé de rouge-rose du côté du soleil ; œil moyen, entr'ouvert, dans une cavité large et profonde, mamelonnée ; pédoncule moyen, ligneux, dans une cavité peu profonde et étroite ; chair blanche, tendre ; eau assez abondante, sucrée et amère. — 2 points. — *Orne. Collection Louvel.*

34. Bédanne, *syn.* **Bédan**. — 3e saison. — Terre caillouteuse. — Arbre à tête arrondie, assez garnie de bois ; productif. — Fruit petit, rond, légèrement conique ; épiderme vert-jaunâtre, tacheté de points rouge-marrons ; œil petit, fermé, dans une cavité peu profonde, presqu'à fleur de fruit ; pédoncule moyen, dans une cavité étroite et peu profonde ; chair blanche, légèrement jaunâtre, ferme ; eau assez abondante, sucrée et légèrement parfumée. — 5 points. — *Vimoutiers. Collection de M. Crespin-Larivière.*

65. Binet. — 2e saison. — Sol argileux. — N'est pas semblable au Binet décrit, page 178, du Bulletin de la Seine-Inférieure. — Fruit petit, rond, déprimé, plus développé d'un côté que de l'autre ; épiderme jaune-verdâtre, pointillé et marbré de gris-roux ; œil petit, fermé, dans une cavité peu profonde, évasée et plissée ; pédoncule de grosseur moyenne, court, ligneux, dans une cavité peu profonde, régulière et lavée de gris-roux ; chair jaunâtre, ferme ; eau assez abondante, sucrée et légèrement amère. Fruit délicieux, suivant le présentateur. — 4 points. — *Lisieux. Collection Daufresne.*

67. Blangy. — 3e saison. — Sol argileux. — Arbre fertile, tête arrondie. — Fruit moyen, rond, déprimé, épiderme jaune-verdâtre, parsemé de petits points gris-roux sur toute sa surface ; œil moyen, fermé, dans une cavité étroite et peu profonde, légèrement plissée ; pédoncule gros, assez long, ligneux, dans une cavité irrégulière, moyennement profonde et légèrement lavée de gris-roux ; chair verdâtre, tendre ; eau assez abondante, sucrée. — 3 points. — *Lisieux. Collection Daufresne.*

64. Bonne sorte — 2e saison. — Sol argileux. — Fruit déprimé ; épiderme jaune, lavé de carmin vif et pointillé de gris-fauve ; œil petit, fermé, dans une cavité peu profonde, plissée et mamelonnée ; pédoncule court, ligneux et quelquefois charnu, dans une cavité peu profonde, lavée de gris-fauve ; chair blanche ;

ferme ; eau abondante, sucrée et légèrement amère, — 4 points. — *Lisieux. Collection Daufresne.*

37. Bouteille. — Décrit page 208 du Bulletin de la Seine-Inférieure. — *Vimoutiers. Collection de M. Crespin-Larivière.*

32. Châtaigne. — 3ᵉ saison. — Sol argileux. — Déjà décrite, page 180 du Bulletin de la Société de Rouen, et connue dans la Seine-Inférieure sous le nom de *Damassé.* — Dégustation faite, il lui est donné 5 points. — *Orne. Collection Louvel.*

21 Châtaigne. — Schiste. — (Diffère de celle du Catalogue de la Seine-Inférieure). — Arbre fertile, forme arrondie. — Fruit gros, ovoïde, un peu aplati vers le pédoncule ; épiderme jaune-pâle, lavé et strié de rouge-carmin sur les 2/3 de sa surface ; œil moyen, fermé, dans une cavité peu profonde, plissée et évasée ; pédoncule court et charnu, quelquefois disparaissant dans une cavité très profonde et évasée ; chair blanche-jaunâtre, sucrée ; eau peu abondante. — 4 points. — *Collection de la Société de Bayeux.*

5. Coqueret doré. — 2ᵉ saison. — Lias. — Arbre très fertile, vigoureux ; tête arrondie. — Fruit moyen, conique, assez fortement côtelé ; épiderme vert-jaunâtre, pointillé de gris-roux ; œil moyen, fermé, dans une cavité peu profonde et côtelée ; pédoncule court, ligneux, dans une cavité peu profonde, irrégulière ; chair blanche, demi-tendre et parfumée. — 6 points. — *Collection de la Société de Bayeux.*

14. Coqueret vert. — Lias. — 3ᵉ saison. — Arbre fertile, forme arrondie. — Fruit moyen, pyramidal, épiderme vert, lavé de rouge-brun du côté du soleil, pointillé de blanc et de gris ; œil moyen, fermé, dans une cavité très peu profonde, plissée ; pédoncule ligneux, mince, long, dans une cavité profonde, colorée en gris ; chair verdâtre, ferme ; eau abondante, sucrée. — 4 points. — *Dégusté avant maturité. Collection de la Société de Bayeux.*

26. Coquet. — 2ᵉ saison. — Schiste. — Arbre fertile, tête arrondie. — Fruit petit, déprimé ; épiderme jaune-clair, vermillonné du côté du soleil ; œil fermé, cavité assez profonde et plissée ; pédoncule court, charnu, placé dans une cavité assez profonde et revêtue de gris ; chair blanche, ferme, sucrée ; eau assez abondante et relevée d'un léger parfum. — 4 points. — *Collection de la Société de Bayeux.*

9 **Coquet blanc** — 2ᵉ saison. — Lias. — Arbre fertile, tête conique. — Fruit petit, arrondi, déprimé; épiderme jaune foncé, piqueté et taché de rouge vif; œil très petit, placé dans une cavité plissée, très peu profonde; pédoncule assez gros et court, placé dans une large cavité recouverte de roux-jaune; (le fruit tient à la branche); chair blanche, jaunâtre, demi-ferme; eau sucrée, suffisamment abondante, légèrement parfumée. — 6 points. — *Collection de la Société de Bayeux.*

39. **Cul à-Cul**. — 3ᵉ saison. — Arbre à tête arrondie, fertile. — Fruit gros, déprimé; épiderme vert, foncé, tacheté et marbré de gris, coloré de rouge lie de vin; œil fermé, moyen, placé dans une cavité profonde, un peu bosselée; pédoncule très court, charnu, saillant; chair blanc-verdâtre; eau abondante, sucrée et amère. — 4 points. — *Collection de la Société de Bayeux.*

40. **Cul-à-Cul** — 2ᵉ saison. — Sol siliceux. — Arbre à tête arrondie, très fertile. — Fruit petit, arrondi, déprimé; épiderme jaune-verdâtre, pointillé de gris-vert et coloré de rose vif; œil petit, ouvert, renfermé dans une cavité arrondie et peu profonde; pédoncule court, cavité peu profonde, revêtue de gris-fauve; chair blanc-jaunâtre; eau abondante, sucrée et légèrement amère. — 5 points. — *Mouen (Calvados). Collection Thomine.*

59. **Cul gris**. — 3ᵉ saison — Sans renseignements sur l'arbre. — Fruit gros, très régulièrement arrondi, aplati; épiderme jaune-verdâtre, lavé de rouge, carminé et pointillé de rouge-brun; œil petit, fermé, dans une cavité étroite, plissée et peu profonde; pédoncule court, ligneux, dans une cavité très profonde et très évasée, fortement lavée de gris-brun et rugueuse; chair légèrement verdâtre, ferme; eau abondante, sucrée. — 3 points. — *Commune de Clastres (Aisne). Collection Holzmann.*

Damassé, voy. **Châtaigne** (Orne).

18. **Dameray** — 2ᵉ saison. — Lias. — Arbre fertile, forme arrondie. Fruit petit, ovoïde; épiderme rouge-pâle, rayé de rouge plus foncé; œil ouvert, petit, renfermé dans une cavité petite, profonde, plissée; pédoncule assez long, ligneux, renfermé dans une cavité étroite, mais profonde; chair blanche, parsemée

parfois de veines rouges, demi-ferme; eau sucrée, astringente, assez abondante. — 4 points. — *Collection de la Société de Bayeux.*

62. De Bouteille. — 3ᵉ saison. — Sol argileux. — Manque de renseignements. A l'étude. — *Lisieux. Collection Daufresne.*

22. De Filasse. — Lias. — 3ᵉ Saison. — Arbre très fertile, forme conique. — Fruit moyen, conique oblique; épiderme jaune-verdâtre, rayé de gris-rouge; œil petit, fermé, placé dans une petite cavité, peu profonde sur la partie oblique du fruit; pédoncule court, ligneux, disparaissant dans une cavité peu profonde, lavée de gris-roux; chair blanc-jaunâtre, tendre, un peu pâteuse; eau assez abondante, sucrée et parfumée. — 5 points. — *Collection de la Société de Bayeux.*

11. De Saint-Thomas. — 2ᵉ et 3ᵉ saisons. — Lias. — Arbre fertile, tête arrondie. — Fruit très gros; épiderme vert-jaune, fouetté et coloré de carmin brun et pointillé de blanc-roussâtre; œil petit, fermé, placé dans une large cavité arrondie, tapissée de roux-jaune; chair blanc-verdâtre, ferme, sucrée, juteuse; eau abondante. — 5 *Points.* — *Collection de la Société de Bayeux; commune de Sainte-Marguerite-de-Ducy.*

55. Douce-Dame. — 2ᵉ saison. — Très cultivée dans la Manche et peu encore dans le Calvados. — Arbre vigoureux et fertile, à tête arrondie et très déprimée. — Fruit très odorant, moyen, très déprimé, épiderme jaune-blanchâtre, lavé et légèrement rayé de rouge-carmin, parsemé de petits points gris; œil petit, entr'ouvert, dans une cavité très irrégulière, côtelée, mamelonnée et peu profonde, tapissée légèrement de fauve; pédoncule moyen, ligneux, dans une cavité très évasée et peu profonde, lavée de gris-fauve; chair blanche, verte, tendre; eau assez abondante, très sucrée et parfumée. — 6 points. — *Collection de Bayeux.*

61. Douveret gris. — 3ᵉ saison. — Sol argileux. — Arbre demi-fertile, tête arrondie; fleurit en mars et avril. — Fruit moyen, ovoïde aplati; épiderme jaune-verdâtre, lavé presque sur toute sa surface de gris-fauve et ponctué du côté du soleil de rouge carmin; œil moyen, fermé, dans une cavité peu profonde, évasée et plissée; pédoncule de grosseur moyenne, de 12 mill., ligneux, dans une cavité profonde et régulière; chair blanc-jaunâtre, ferme ; eau assez abondante, sucrée, légèrement parfumée. — 4 points. — *Lisieux. Collection Daufresne.*

45. **Doux-Auvêque** — 2ᵉ saison. — Arbre fertile et vigoureux, à tête ronde. — Fruit moyen, légèrement conique; épiderme jaune, pointillé de brun et lavé de rose du côté du soleil; œil petit, fermé, dans une cavité peu profonde et plissée; pédoncule court, ligneux, placé dans une cavité en forme d'entonnoir, lavé de gris-fauve; chair blanc-jaune, tendre; eau abondante, sucrée et parfumée. — 6 points. — *Collection d'Avranches (Manche).*

58. **Doux-Berger.** — 3ᵉ saison. - Sans renseignements sur l'arbre. — Fruit gros où très gros, déprimé, plus développé d'un côté que de l'autre; épiderme jaune-verdâtre, lavé de rose carminé et pointillé de points bruns; œil grand, ouvert, dans une cavité assez profonde, plissée et gibbeuse, lavée de gris; pédoncule très court, gros et ligneux, placé dans une cavité évasée, irrégulière et lavée de gris; chair blanc-verdâtre; eau abondante, sucrée, légèrement parfumée et amère.—4 points. — *Commune de Clastres (Aisne). Collection Holzmann.*

44. **Doux-Hamerey.** — 2ᵉ saison.—Arbre pyramidal, fertile et vigoureux. — Fruit moyen, ovoïde, déprimé; épiderme jaune, strié et marbré de rouge; œil moyen et ouvert, placé dans une cavité large, profonde, évasée et bosselée; pédoncule charnu et très court, placé dans une cavité peu profonde et irrégulière; chair blanc-jaunâtre, tendre, pâteuse, sucrée. — 2 points. — *Collection d'Avranches (Manche).*

60. **Doux rayé.** — 3ᵉ saison. — Rejeté. — *Commune de Clastres (Aisne). Collection Holzmann.*

47. **Douze au Gobet.** — 2ᵉ saison. —Arbres à tête ronde, fertile ou très fertile, fleurissant tardivement (fin mai). — Fruit rond, déprimé, quelquefois aplati; épiderme jaune-verdâtre, pointillé et réticulé de roux; œil petit, fermé, dans une cavité profonde, très évasée et plissée; pédoncule court, charnu, dans une cavité large, très peu profonde et irrégulière, lavée de gris-fauve; chair blanc-jaunâtre, tendre; eau peu abondante, peu sucrée et légèrement amère. — 5 points. — *Collection d'Avranches (Manche).*

Faux-Galvin, *voy.* **Haut-Grisé.**

46. **Fort-Bois.** — 2ᵉ saison. — Arbre pyramidal, vigoureux et

fertile. — Fruit moyen, ovoïde, déprimé ; épiderme, jaune-foncé, lavé et rayé de rouge, et parsemé de points roux ; œil petit, entr'ouvert, dans une cavité peu profonde et régulière; pédoncule très grêle, quelquefois charnu, placé dans une cavité assez profonde et régulière, lavée de gris-fauve; chair blanche, tendre, un peu pâteuse ; eau suffisante, sucrée et légèrement amère. — 3 points. — *Collection d'Avranches (Manche).*

8. Frais de Chien. — 2ᵉ saison. — Lias. — Arbre fertile, tête arrondie. — Fruit petit, conique ; épiderme rouge très foncé ; œil fermé, dans une cavité peu profonde et plissée; pédoncule moyen, placé dans une cavité conique, peu profonde et de couleur jaune-fauve; chair blanche, légèrement jaunâtre, quelquefois teintée de rouge ; eau assez abondante, sucrée, amère. — 5 points. — *Collection de la Société de Bayeux.*

27. Fresquin — 3ᵉ saison. — Schiste. — Arbres très fertile, tête arrondie. — 4 points. — *Collection de la Société de Bayeux.*

Cette pomme est probablement la même que celle décrite à la page 184, sous le nom de *Fréquin barré rouge*, dans le Bulletin de la Société d'Horticulture de Rouen. — (Renvoi à l'étude). — Le même fruit, trouvé collection de Vimoutiers et reconnu identique.

43. Gandonnière. — 3ᵉ saison. — Arbre pyramidal, fertile. — Fruit moyen, déprimé, conique ; épiderme jaune foncé, lavé et strié de rouge; œil petit, entr'ouvert, placé dans une cavité peu profonde et côtelée; pédoncule mince, long et ligneux, dans une cavité très profonde, en forme d'entonnoir et rayée de gris-roux; chair blanc-jaunâtre, tendre; eau abondante, peu sucrée et légèrement amère. — 3 points. — *Collection d'Avranches (Manche).*

Galvin. Voyez **Petit grisé**

18. Gay rouge. — 2ᵉ saison. — Lias. — Fertile, forme arrondie. — Fruit petit, arrondi, conique; épiderme jaune-pâle, fouetté et strié de carmin vif et de gris-roux; œil moyen, fermé, dans une cavité assez profonde, aussi large à son sommet qu'à son orifice; pédoncule très mince, ligneux, dans une cavité étroite et très profonde, tapissée de gris-roux; chair blanche, demi-tendre; eau abondante, légèrement sucrée et amère. — 5 points. — *Collection de la Société de Bayeux.*

12. **Girard, Petit.** — Décrit, Bulletin de la Seine-Inférieure, Pomologie, page 171, sous le nom de Blanc-Mollet. Confirmé les 3 points. — *Collection de la Société de Bayeux.*

51. **Gros-Auvêque.** — 2ᵉ saison. — Schiste. — Arbre fertile, tête arrondie. — Fruit rond, légèrement conique; épiderme jaune, marbré de gris-roux et parsemé de taches brun-foncées; œil grand, ouvert, dans une cavité assez profonde, irrégulière, côtelée et légèrement plissée; pédoncule variant de 4 à 20 millimètres; ligneux, placé dans une cavité assez profonde et évasée, lavée de gris-roux; chair jaunâtre, tendre; eau suffisante, sucrée et un peu parfumée. — 4 points. — *Collection d'Avranches (Manche).*

4. **Gros-Bois.** — 2ᵉ saison. — Lias. — Arbre fertile, vigoureux, tête arrondie; floraison tardive. — Fruit très gros, déprimé; épiderme jaune, lavé de rouge pâle; œil large et ouvert, profond; pédoncule très gros, court et charnu, inséré dans une cavité profonde, légèrement teintée de gris-fauve; chair blanc-jaunâtre, tendre, pâteuse; eau abondante, sucrée et légèrement amère. — 4 points. — *Collection de la Société de Bayeux.*

13. **Gros court.** — 2ᵉ saison. — Lias. — Arbre très fertile, forme conique. — Fruit gros, déprimé, quelquefois conique; épiderme jaune-foncé, quelquefois coloré du côté du soleil et pointillé de gris-roux; œil moyen, ouvert, dans une cavité très profonde, irrégulière, bosselée et teintée de gris; pédoncule gros, charnu, placé presqu'à fleur de fruit, dans une dépression tapissée de roux-fauve; chair blanc-verdâtre (très estimé dans l'arrondissement de Bayeux). — points. — *Fruit trop avancé pour être apprécié.* — *Collection de la Société de Bayeux.*

30. **Gros doux.** — 2ᵉ saison. — Sol siliceux. — Gros fruit, jaune, arrondi, sans mérite, mauvais; rejeté. — *Orne. Collection Louvel.*

52. **Gros-Lozon.** — 2ᵉ saison. — Arbre vigoureux et très fertile, tête arrondie. — Fruit moyen, conique et légèrement oblique; épiderme jaune, lavé et rayé de rouge-carminé; œil moyen, entr'ouvert, placé dans une cavité peu profonde, irrégulière et mamelonnée; pédoncule assez court, gros et charnu, placé dans une cavité en forme d'entonnoir; chair blanc-verdâtre, tendre; eau suffisante, sucrée. — 4 points. — *Collection d'Avranches (Manche).*

48. **Gros-Œil**. — 2ᵉ saison. — Arbre à tête ronde, vigoureux.
— Fruit gros, rond et déprimé; épiderme jaune, ponctué et rayé
de rouge sur la surface entière; œil grand, entr'ouvert, dans une
cavité profonde et irrégulière, très évasée et côtelée; pédoncule
court, charnu, dans une cavité très profonde, en forme d'entonnoir et tapissée de gris-brun; chair blanche, tendre; eau abondante, sucrée et très parfumée.— 5 points.— *Collection d'Avranches*
(Manche).

50. **Gros-Fresquin**. — 2ᵉ saison. — Arbre pyramidal, fertile et
vigoureux.— Fruit gros, rond, déprimé; épiderme jaune-verdâtre,
lavé et ponctué de rouge-brun, parsemé de quelques points bruns;
œil moyen, ouvert, dans une cavité assez profonde, irrégulière
et mamelonnée; pédoncule court, charnu, placé dans une profonde cavité, lavée de gris-fauve; chair blanc-verdâtre, tendre;
eau suffisamment abondante, sucrée, astringente. — 4 points. —
Collection d'Avranches (Manche).

10. **Gros-Marin blanc**. — 3ᵉ saison. — Lias. — Arbre fertile,
tête arrondie. — Fruit déprimé, gros; épiderme vert-jaune, piqueté de gris-brun et lavé de rouge du côté du soleil; œil petit,
fermé, dans une cavité peu profonde et très irrégulière; pédoncule
moyen, ligneux, dans une cavité très profonde, tantôt jaune,
tantôt brune; chair blanc-verdâtre, très ferme; eau très abondante,
sucrée, acidulée. (Ressemble à la Reinette de Bretagne).— 4 points.
— *Collection de la Société de Bayeux*.

63. **Gros-Pont**. — 2ᵉ saison. — Sol argileux. — Fruit rond,
légèrement côtelé; épiderme jaune-verdâtre, pointillé de gris-
roux sur presque toute sa surface, légèrement lavé de rose du côté
du soleil et pointillé de brun du même côté; œil petit, fermé,
dans une cavité peu profonde et côtelée; pédoncule gros, ligneux,
dans une cavité peu profonde et irrégulière; chair blanc-verdâtre,
ferme; eau abondante, sucrée. — 3 points. *Lisieux*. — *Collection*
Daufresne.

20. **Haut-Grisé**, **Faux-Galvin** dans la Manche. — Arbre
fertile, forme arrondie. — Fruit moyen, ovoïde, un peu tronqué
à sa base; épiderme vert-clair, fouetté de gris-brun; œil petit,
fermé, presqu'à fleur du fruit et entouré de bosselettes sillonnées;
pédoncule court, charnu, placé dans une cavité peu apparente,

accompagné quelquefois d'une légère gibbosité; chair blanc-jau-nâtre, tendre, sucrée; eau assez abondante et légèrement par-fumée. — 5 points. — *Collection de la Société de Bayeux.*

42. La Galotte. — 2e saison. — Arbre à tête ronde, très fertile. — Fruit petit, très déprimé; épiderme jaune-clair, pointillé et taché de brun, lavé de rouge-clair; œil petit, très fermé, dans une cavité peu profonde, irrégulière et mamelonnée; pédoncule très court, renfermé dans une cavité peu profonde et évasée, lavée de gris-roux; chair blanc-jaunâtre, ferme; eau peu abondante, très sucrée. — 4 points. — *Collection d'Avranches (Manche).*

35. L'Hormiscent ou **Hormilcent?** — 3e saison. — Terre forte. — Arbre à tête arrondie, très fertile, vigoureux. — Fruit moyen, conique; épiderme jaune-clair, pointillé et marqué de gris-roux sur toute sa surface, légèrement lavé de rouge du côté du soleil; œil petit, entr'ouvert, dans une cavité peu profonde et plissée; pédoncule court et ligneux, plongé dans une cavité étroite et pro-fonde; chair blanche, ferme; eau assez abondante, sucrée. — — 6 points. *Vimoutiers. Collection de M. Crespin-Larivière.*

Marin-Anfray, voy. **Petit-Marin.**

24. Martineau. — 2e saison. — Lias. — Arbre peu fertile, tête conique. — Fruit assez gros, déprimé; œil très large et ouvert, renfermé dans une profonde cavité, largement plissée; pédoncule très court et charnu, cavité étroite et peu profonde, parfois révêtue de gris-roux; épiderme jaune-clair, lavé de rose-clair et piqueté de brun; chair blanc-jaunâtre, demi-tendre; eau abon-dante et sucrée, légèrement amère. — 4 points. — *Collection de la Société de Bayeux.*

38. Moulin-à-Vent. — 3e saison. — Arbre à tête pyramide, assez fertile. — Fruit assez gros, arrondi, légèrement déprimé; épiderme vert foncé, piqueté de gris clair; œil fermé, petit, placé dans une cavité moyenne, peu profonde et plissée; pédoncule court, ligneux, dans une cavité large et profonde, lavée de **gris**; chair blanc-jaunâtre, ferme; eau abondante, sucrée, légèrement amère. — 5 points. — *(Orne). Collection de M. Crespin-Larivière.*

28. Normande. — 2e saison. — Fertilité ordinaire, tête étalée. — Fruit moyen, *calvilassé*; épiderme jaune-pâle, lavé de rose, très brillant du côté du soleil, finement ponctué de gris; œil petit, fermé, enfoncé dans une cavité étroite, mamelonnée; pédoncule long, ligneux, dans une cavité profonde, étroite, teintée de roux; chair blanche, demi-ferme; eau assez abondante, avec une amertune d'un goût peu agréable qui peut se communiquer au cidre. — Rejetté. — *Commune de Remalard (Orne). Collection Louvel.*

6. **Petit court**. — 2e saison. — Lias. — (Fruit un peu avancé). — Arbre très fertile, tête arrondie. — Fruit moyen, déprimé; épiderme jaune-clair, piqueté de fauve, fouetté de carmin vif; œil moyen, fermé; pédoncule court et charnu, dans une cavité ouverte et peu profonde; chair blanche, fine; eau peu abondante, sucrée, légèrement amère. — 3 points. — *Collection de la Société de Bayeux*

1. **Petit Court de Longchamp**. — 2e saison. — Lias. - Arbre fertile, tête arrondie. — Fruit moyen, légèrement conique; œil assez prononcé et un peu enfoncé; pédoncule court, placé dans une cavité peu profonde; épiderme jaune-clair, lavé de rouge-carmin; chair blanc-jaunâtre; eau douce, sucrée, peu abondante et légèrement amère. — 3 points. — *Collection de Bayeux*

17. **Petit grisé**, syn. **Galvin**. — 3e saison. — Lias. — Arbre fertile, forme arrondie. — Fruit moyen, ovoïde; épiderme jaune-verdâtre, recouvert de taches et stries grises, quelquefois un peu coloré de rouge-clair; œil moyen, fermé, dans une cavité peu profonde, lavé de la teinte du fruit; pédoncule long, ligneux et mince, inséré dans une cavité assez profonde, recouverte de gris plus foncé que le fruit; chair blanc-jaunâtre, ferme, sucrée, parfumée; eau assez abondante — 6 points. — *Collection de la Société de Bayeux.*

23. **Petit-Marin**; syn **Marin-Anfray**. — 3e saison. — Schiste. — Arbre très fertile, tête arrondie. — Identique à celui de la Seine-Inférieure, décrit page 190. — Encore vigoureux en Basse-Normandie; (végétation lente).

36. **Petite sorte**. — 1re et 2e saisons — Terre caillouteuse. — Arbre à tête arrondie, très productif. — Fruit conique, jaune, pointillé et légèrement coloré de rouge; œil fermé, moyen à sépales dressés et saillants, dans une cavité peu profonde et côtelée; pédoncule assez long, ligneux, renfermé dans une cavité étroite

et profonde; chair blanche, tendre; eau abondante, sucrée. — 4 points. — *Vimoutiers. Collection de M. Crespin-Larivière.*

56. Pied-Bot. — 3e saison. — Arbre vigoureux, très fertile, tête arrondie; floraison tardive. — Fruit gros, sphérique, légèrement aplati aux deux extrémités; épiderme jaune-foncé, presqu'entièrement recouvert de rouge vif; œil petit, entr'ouvert, placé dans une profonde cavité évasée, plissée rugueuse et lavée de gris-roux; pédoncule moyen, ligneux, dans une cavité profonde, régulière, lavée de gris-fauve; chair blanche, légèrement verdâtre, ferme; eau abondante, sucrée. — 5 points. — *Commune de Venoix, près Caen. Collection Levée.*

7. Patin rouge. — 3e saison. — Lias. — Arbre fertile, tête arrondie. — Fruit moyen, déprimé; épiderme jaune-verdâtre, lavé et rayé de rouge; œil moyen, fermé, dans une cavité très profonde, et environné de gris; pédoncule très court, charnu, inséré dans une large cavité, entourée de gris-verdâtre; chair blanc-verdâtre, ferme; eau assez abondante, très sapide, sucrée, parfumée, contenant du tannin. — 5 points. — *Collection de la Société de Bayeux.*

49. Pomme d'ordre. — 2e saison. — Arbre pyramidal, très fertile et vigoureux. — Fruit gros, déprimé; épiderme jaune, ponctué et rayé de carmin, parsemé de taches brunes; œil moyen, fermé, placé dans une cavité profonde, irrégulière et côtelée, légèrement teintée de roux, pédoncule moyen, ligneux, placé dans une cavité très profonde et régulière, lavée de gris-roux; chair blanche, tendre; eau abondante, sucrée et amère. — 4 points. — *Collection d'Avranches (Manche).*

Pomme de Meunier, voyez **Pomme de Monnier.**

3. Pomme de Monnier; syn. **Meunier**. — 3e saison. — Lias. — Arbre fertile, tête arrondie. — Fruit gros, déprimé; épiderme vert-clair, marqué de points gris-roux, lavé de carmin pâle; œil moyen, cavité assez profonde; pédoncule gros, très court, placé dans une cavité assez profonde, entouré de gris-roux; chair blanc-verdâtre; eau abondante, légèrement sucrée et amère. — 5 points. — *Collection de la Société de Bayeux.*

57. Pomme de Monsieur. — 3e saison. — Arbre à tête arrondie, très vigoureux et fertile. — Fruit moyen, arrondi, dé-

primé; épiderme jaune-verdâtre, lavé et rayé de rouge-brun, parsemé de points gris-clairs; œil moyen, ouvert, dans une cavité peu profonde, évasée et plissée; pédoncule moyen, ligneux, dans une cavité très profonde, évasée et lavée de gris-fauve; chair blanche, tendre; eau abondante, sucrée et acidulée. — 1 point.
— *Commune de Clastres (Aisne). Collection Holzmann*

19. Pomme de Noix. — 2ᵉ saison. — Arbre peu fertile, forme arrondie. — Fruit gros, en forme de citron; épiderme citron, ponctué de gris-roux; œil petit, fermé, dans une cavité irrégulière, un peu plissée; pédoncule court, dans une cavité étroite et irrégularisée généralement par un mamelon teint en roux; chair blanche, ferme, sucrée; eau abondante. — 3 points.
— *Collection de la Société de Bayeux.*

29. Ribotière. — 2ᵉ saison. — Sol argileux. — Arbre très fertile, à tête arrondie. — Fruit moyen, sphérique; épiderme jaune-foncé, lavé, rayé et marbré de rouge-foncé; œil petit, fermé, dans une cavité peu profonde et unie; pédoncule court, ligneux, dans une cavité très étroite et peu profonde, lavé de brun-clair; chair blanche, ferme; eau assez abondante, sucrée, relevée d'un léger parfum. — 3 points. — *Orne. Collection Louvel.*

2. Rouge Binet. — Lias. — (Se reporter à la description de la Pomologie de la Seine-Inférieure, t. II, page 201). — Fruit reconnu identique; confirmation des 5 points. — *Collection de la Société de Bayeux.*

53. Rouge-Jérôme. — 2ᵉ saison. — Arbre fertile, tête ronde. — Fruit moyen, conique et souvent plus développé d'un côté que de l'autre; épiderme jaune-verdâtre, presqu'entièrement recouvert de carmin vif et rayé de carmin foncé; œil moyen, entr'ouvert, dans une cavité peu profonde et mamelonnée; pédoncule moyen, ligneux, placé dans une cavité assez profonde, lavée de gris-fauve; chair blanc-rosé; eau abondante, demi-tendre, sucrée et parfumée. — 6 points. — *Collection d'Avranches (Manche).*

33. Rousse. — 3ᵉ saison. — Arbre à tête arrondie, fertile. — Fruit moyen, rond, déprimé; épiderme vert-jaunâtre, marbré de gris-roux sur toute la surface; œil petit, entr'ouvert, dans une cavité profonde et évasée, mamelonnée, avec protubérances à la base des sépales; pédoncule inséré dans une cavité lavée de gris-roux ; chair blanche, ferme ; eau abondante, très sucrée ; floraison très tardive. — 6 points. — *Orne. Collection Louvel.*

41. **Saint-Charles**. — 2ᵉ saison. — Arbre pyramidal, très fertile. — Fruit moyen, conique ; épiderme jaune-clair, rayé de carmin, sur rose vif ; œil petit, fermé, à sépales larges, dans une cavité peu profonde et plissée ; pédoncule assez long, ligneux, placé dans une cavité peu profonde ; chair blanche, tendre ; eau abondante, sucrée et légèrement amère. — 3 points. — *Collection d'Avranches (Manche).*

25. **Varel**. — 2ᵉ saison. — Lias. — Arbre fertile, tête arrondie. — Fruit conique, moyen ; épiderme vert-clair, fouetté et pointillé de gris ; œil moyen, entr'ouvert, cavité peu profonde, bosselée et irrégulière ; pédoncule mince, long et ligneux, cavité très profonde, mais très étroite ; chair blanc-verdâtre, tendre, pâteuse ; eau peu abondante, sucrée, sans parfum. — 3 points. — *Collection de la Société de Bayeux.*

Le Secrétaire,

THIERRY.

Typographie H. BOISSEL, succʳ de A. PÉRON, rue de la Vicomté, 55, Rouen.

DÉPOT LÉGAL
Seine Inférieure

1865.

CONGRÈS

POUR

L'ÉTUDE DES FRUITS A CIDRE.

2e SESSION

Tenue à Rennes du 11 au 15 Novembre 1865.

PROCÈS-VERBAUX DES SÉANCES.

Séance d'ouverture. — Le samedi 11 novembre 1865 , à deux heures de l'après-midi, en l'Hôtel-de-Ville de Rennes, s'est ouvert le Congrès pour l'étude des fruits à cidre du département d'Ille-et-Vilaine.

Discours du Président. — M. le comte d'Estaintot , président du Conseil d'administration et président de la Société d'horticulture de la Seine-Inférieure, ouvre la session du Congrès par le discours qui suit :

« Messieurs ,

« Avant de procéder à l'élection des membres qui doivent diriger les travaux de cette session , permettez-nous de vous tracer rapidement le but que nous nous proposons et la bonne fortune qui nous conduit au milieu de vous.

« L'étude des fruits que produisent nos jardins ne date pas d'aujourd'hui ; dès 1834 , la *Société centrale d'horticulture de la Seine-Inférieure* fut frappée de l'infériorité des fruits de toute sorte

1

livrés à la consommation. Elle nomma une Commission chargée annuellement d'apprécier le mérite des nombreuses espèces présentées sur nos marchés, ainsi que toutes celles que pouvaient produire nos vergers.

« Citons à cette occasion deux noms qui doivent rester inscrits sur nos tablettes horticoles : celui de M. Tougard, fondateur de notre Compagnie, et celui de M. Prevost. Ils ont laissé des écrits non moins recommandables que précieux à consulter. Hommage donc à la mémoire de ces érudits devanciers qui sont venus provoquer notre zèle et préparer la route que nous devions parcourir !

« La ruche était formée ; des abeilles laborieuses ne l'ont pas désertée ; chaque année, le nombre s'en est accru, et c'est dans cette savante et agricole cité que nous venons la déposer, sachant à l'avance que vous en compléterez l'essaim.

« Depuis 1834, l'étude des fruits s'accomplissait donc chez nous sans bruit. Nous restâmes longtemps dans une prudente réserve et dans le silence imposé par nos connaissances imparfaites. Ce ne fut qu'en 1862 que la *Société d'horticulture de la Seine-Inférieure* osa en sortir, en annonçant une exposition de pommes et de poires propres à la fabrication du cidre et du poiré. Elle insista près des associations agricoles et horticoles, des propriétaires et des cultivateurs des départements nord-ouest de la France, afin de les engager à venir prendre part et concourir à cette œuvre ardue et difficile. Car il s'agissait de constater le mérite et de rechercher le nom véritable des fruits existants, d'en déterminer les propriétés, la qualité, et surtout de désigner l'exposition, le terrain et le climat les plus favorables. Dussions-nous être accusés de vanité, nous constaterons que le succès obtenu dépassa notre attente. A le bien prendre, pouvait-il en être autrement ? Notre appel touchait à des intérêts si puissants, qu'il ne fallait pas de grands efforts pour en comprendre la portée.

« De ce moment fut formée une Commission d'études, avec des bases fixes, chargée d'apprécier et de déguster les fruits qu'un grand nombre de départements nous avaient adressés.

« La *Société d'horticulture* de Rouen consacra toute la saison d'hiver de 1862 à ce laborieux dépouillement ; puis elle rédigea et publia les procès-verbaux dans lesquels ont été consignés ses observations. Documents utiles, puisque nous y trouvons plus de 300 variétés de fruits décrits et classés, et en partie reproduits par le moulage.

« En 1863, eut lieu à Rouen une seconde Exposition. Pendant et après sa durée, on se livra avec la même ardeur aux dégustations et aux classifications admises l'année précédente. De cette seconde épreuve ressortit cette conviction, que rien n'était à changer au mode adopté ; mais il en surgit l'espérance de l'institution d'une Société permanente, composée d'hommes les plus compétents des divers pays producteurs de fruits à cidre. On pressentit dès lors tous les bienfaits que les masses ouvrières en devaient recueillir.

« M. Thierry, l'honorable et savant directeur du Jardin des Plantes de Caen, ayant réclamé, au nom des Sociétés agricoles et horticoles de son département, l'honneur de recevoir en 1864 les membres de cette Commission d'études, cet appel fut accueilli avec un assentiment général. C'est donc dans le pays producteur du cidre par excellence, sous les auspices de l'administration municipale, et sous la présidence de M. Bertrand, maire, membre du Corps législatif, président de la Société d'agriculture et de commerce, que fut constituée une *Société permanente* portant le nom de *Congrès pour l'étude des fruits à cidre.*

« Les statuts en ont été rédigés par une Commission dont M. Michelin, délégué de la Société d'horticulture de Paris, était rapporteur. Nous ne pouvons trop louer cet estimable collègue d'un travail auquel, depuis plus de trois ans, il prenait une large part. Je n'ai pas à le reproduire ; il me suffira d'énoncer la disposition transitoire qui se trouve à la suite des statuts, *conférant provisoirement, en attendant l'élection des membres du bureau en assemblée générale,* l'administration du Congrès au président et aux membres du bureau de la *Société impériale d'horticulture de la Seine-Inférieure.* Nous nous sommes de notre mieux efforcés de répondre à un tel honneur et à une si gracieuse déférence.

« Désigner la ville de Rennes pour l'inauguration de ce Congrès, c'était satisfaire au vœu de nos collègues manifesté à Caen. L'accueil sympathique fait à notre désir par la *Société d'horticulture d'Ille-et-Vilaine,* les relations qui se sont établies depuis entre son honorable président et nous, n'ont pu que nous confirmer dans notre heureux choix.

« Rennes, par son Académie, par ses Sociétés savantes et les membres distingués qui les composent, par son centre agricole, où le progrès semble avoir fait élection de domicile, avait, vous le voyez! de nombreux titres de recommandation que je me complais à produire.

« Sous votre patronage donc, Messieurs, sous l'égide d'une administration éclairée, dans cette florissante cité qui nous a ouvert une si aimable et cordiale hospitalité, nous allons désormais universaliser des connaissances jusqu'ici jonchant le sol scientifique. Une fois recueillies et réunies en doctrine, passées au creuset de la discussion, il en jaillira, grâce à vos lumières, un ensemble d'études qui revertira au grand profit du producteur et du consommateur.

« Au début de travaux aussi sérieux, permettez-moi de vous adresser des paroles de bienvenue et de félicitations, au nom de ma Compagnie qui, dans un instant, n'aura qu'à recueillir et prendre vos décisions. Ce n'est pas à vous, Messieurs, que j'apprendrai tout l'intérêt qui s'attache à l'importance progressive du sujet qui nous réunit. A la tâche qui nous est imposée on ne peut assigner de limites. Ne croyez pas cependant, que, jusqu'à ce jour, on n'ait pas essayé de l'entreprendre. Dans les archives des Académies de Rouen et du Calvados, il existe de nombreux mémoires sur cette populaire information des fruits de pressoir. Il ne pouvait en être autrement, lorsqu'il n'est pas de chaumière qui ne possède son tonneau de cidre.

Nous recommandons à votre attention un excellent ouvrage publié à Rouen, en l'an III, sur *La culture du pommier dans l'étendue de la République française*, par Renault, chef de bureau au district révolutionnaire. Vous y trouverez de bons conseils et des réponses solides aux différentes questions posées dans votre ordre du jour. Renault se préoccupe avant tout de la manière dont le semis du pommier doit être fait. L'exposition du lieu, la qualité du sol, l'emplacement du semis ne doivent pas être pris en moins grande considération que l'application de la greffe. Nous y lisons que les pommiers propres à faire du cidre doivent être classés en fruits tendres, demi-tendres et durs. Il parle aussi de leur

synonymie, de la manière de faire du cidre, quoique la qualité
dépende de la nature du climat, de l'exposition et de la culture
de l'arbre. Pour le rendre plus agréable, il faut le mélange des
pommes, une parfaite maturité des fruits, et surtout le bien brasser.

« En 1809, Dubuc, pharmacien à Rouen, s'est livré à des
analyses étendues sur la richesse saccharine que pouvaient contenir les différentes espèces de nos fruits à cidre en Normandie.
On peut puiser dans la brochure qu'il nous a laissée de bons documents.

« Nous avons eu dans les mains un ouvrage de Louis du Bois,
intitulé : *Archives de Normandie* ; c'est presque un catalogue de
toutes les publications qui ont été rédigées sur les pommes et les
poires à cidre. Nous en avons relevé plus de trente, dont la plus
ancienne remonte à l'année 1560.

« Les Muses ont aussi chanté la culture du pommier ; mais elles
ne nous furent pas toujours favorables. Dans leur dispute sur la
préférence à accorder au vin de Champagne ou au vin de Bour-
gogne, Coffin et Grenan composèrent deux odes latines que La
Monnoye traduisit en vers français, et osèrent, par licence poé-
tique sans doute, désigner le cidre, dans l'une de leurs strophes,
par les mots injurieux de *misérable limon de Neustrie*. Rassurez-vous,
Messieurs, un poëte normand vengea dans une ode en vers iam-
biques l'honneur et la gloire du cidre.

« Duhamel, professeur d'éloquence au collége des Grassins,
produisit aussi une ode en vers alcaïques à la louange de notre
chère boisson.

« Castel, né à Vire, dans son beau poëme des *Plantes* célébra
en vers français nos vergers et la liqueur qui en provient.

« Bernardin de Saint-Pierre, l'une de nos plus illustres célébri-
tés normandes, n'a-t-il pas aussi traité, dans une fiction ingé-
nieuse, l'origine des pommiers ?

« Le passé et le présent peuvent donc, Messieurs, offrir à vos
investigations de profitables renseignements. Nous ne doutons
pas que, par vos lumières, l'étude à laquelle vous allez vous
livrer ne devienne un excellent guide pour asseoir sur des bases
certaines tous les avantages que nous pouvons obtenir d'une
branche de commerce tenant de si près à la prospérité agricole et
horticole.

« A l'œuvre donc, Messieurs! S. M. l'Empereur, qui a tant à cœur le bien-être de nos populations rurales, qui a déjà donné à nos travaux les plus grandes marques de sa sollicitude, n'hésitera pas à accorder à vos efforts les encouragements qu'ils méritent. L'agriculture n'est-elle pas de nos jours une reine choyée et entourée d'égards? Etendre sa puissance, c'est accroître la valeur territoriale et le bien-être de nombreux habitants de l'empire français. »

D'unanimes applaudissements ont prouvé que les paroles de l'orateur avaient trouvé les plus vives sympathies dans l'Assemblée.

M. le Maire de Rennes a remercié avec une effusion toute cordiale M. le Président du choix de la ville de Rennes pour la réunion du Congrès, et a exprimé l'espoir fondé que de tant d'efforts d'hommes dévoués il en sortira les meilleurs et les plus utiles enseignements pour les populations.

M. de Boutteville, secrétaire du Conseil d'administration du Congrès, a rendu compte des travaux de 1864 et indiqué la situation du budget de la Société.

M. Delfaut, conseiller à la Cour impériale de Rennes, vice-président de la Société centrale d'Horticulture d'Ille-et-Vilaine, faisant fonction de président en remplacement de M. Tarot empêché de prendre part aux travaux du Congrès, a, dans un discours écouté avec une constante attention, exprimé combien la Société d'Horticulture d'Ille-et-Vilaine était heureuse de joindre les efforts de ses membres à ceux des hommes honorables qui n'avaient reculé devant aucune fatigue, ni devant aucun sacrifice pour venir de Rouen, de Caen, de Paris, etc., se livrer à des travaux d'une incontestable utilité.

Sur la proposition de M. Michelin, délégué de la Société impériale et centrale d'Horticulture de la Seine, lecture a été donnée des statuts adoptés en séance générale, le 11 novembre 1864, à Caen.

NOMINATION DU BUREAU. — Il a été ensuite procédé, par la voie du scrutin, à l'élection du président, de deux vice-présidents et de deux secrétaires appelés à former le Bureau. M. Delfaut a été à l'unanimité élu président du Congrès. Ont été élus vice-présidents : MM. Delaunay et Esnaud-Gémin.

CORRESPONDANCE. — M. de Boutteville, secrétaire du Conseil d'administration, a donné lecture des deux lettres suivantes :

1° D'une lettre en date du 15 septembre, par laquelle M. le Secrétaire général de la Société impériale et centrale d'Horticulture de la Seine l'informe que la Société a délégué, pour la représenter au Congrès, M. Michelin, un de ses membres les plus zélés ;

2° D'une lettre en date du 8 octobre dernier, par laquelle M. le Secrétaire de la Société centrale d'Horticulture de Caen et du Calvados a délégué, pour la représenter au Congrès, M. Holzman (Edmond) et M. Thierry, directeur du Jardin-des-Plantes de Caen.

La séance est renvoyée à demain 12 novembre, huit heures du matin.

Signé : A. PITON DU GAULT.

2ᵉ Séance. — Le 12 novembre 1865, les membres du Congrès se sont réunis à l'Hôtel-de-Ville de Rennes, à huit heures du matin, sous la présidence de M. Delfaut.

Etaient présents : MM. Michelin et Piton du Gault, vice-présidents ; M. Esnaud, secrétaire ; M. le comte d'Estaintot ; M. Sirodot, professeur d'histoire naturelle à la Faculté des Sciences de Rennes ; MM. de Boutteville, Haudrechy, Damours ; Reuzé, trésorier de la Société d'Agriculture d'Ille-et-Vilaine ; MM. Pontallié, Josse et Martin, membres de la Société d'Horticulture ; M. Androuin, président à la Cour impériale de Rennes ; M. le comte de Cintré ; M. Olivier, etc., etc.

CORRESPONDANCE. — M. le Président a prié M. le Secrétaire de donner lecture d'une lettre adressée au nom de la Société centrale d'Horticulture de Caen et du Calvados, informant le Congrès que M. Thierry, le savant conservateur du Jardin botanique de Caen, secrétaire archiviste et délégué de la Société, est retenu à Caen pour cause de maladie, et qu'il ne pourra assister aux séances du Congrès.

Cette communication est accueillie avec d'unanimes regrets.

APPRÉCIATION ET DÉSIGNATION DE LA QUALITÉ DES FRUITS. — Avant de commencer ses travaux, le Congrès décide que le classement des fruits se fera selon les qualités entre les numéros 1 et 6 ; que ce dernier point indiquera la qualité supérieure et que le numéro 1 servira à constater la dernière des qualités. Les autres qualités seront exprimées à l'aide des points intermédiaires entre les extrêmes 1 et 6.

M. Sirodot provoque des explications sur les bases d'après lesquelles les membres du Congrès se proposent d'apprécier les qualités des fruits.

Il résulte des explications données par différents membres et notamment par M. de Boutteville, que le meilleur fruit est celui qui, sans le concours d'aucun autre, peut servir à fabriquer le cidre d'une qualité supérieure. Pour être ainsi employés, les fruits doivent contenir du sucre, un principe amer et un agréable parfum. Le Congrès ajourne à une autre séance l'examen des principes qui doivent guider dans le choix des fruits, en vue d'obtenir les résultats les meilleurs.

DESSINS. — Le Congrès décide que, pour mettre le public à portée de reconnaître utilement les fruits que le Congrès aura examinés et dont il aura opéré la classification, un dessin exact de ces fruits sera reproduit en regard de chaque description, et se réserve de fixer ultérieurement à partir de quel point cette représentation, à l'aide du dessin, devra être faite. Sans rien préjuger à cet égard, le Congrès pense, quant à présent, que par mesure d'économie, cette reproduction ne semble pas devoir commencer avant le chiffre 4 ; toutefois il prie M. de Boutteville de continuer à dessiner sans exception tous les fruits mis à l'étude, sauf à l'Association à ne faire usage, s'il y a lieu, que d'une partie de ce travail, ainsi qu'il vient d'être dit, et prie M. Haudrechy de vouloir bien, avec son zèle accoutumé, continuer la description des fruits.

MANQUE DE RENSEIGNEMENTS SUR LES FRUITS ÉTUDIÉS. — M. le comte d'Estaintot exprime le regret que des tableaux préparés pour recevoir les renseignements les plus détaillés sur la forme de l'arbre, sa fertilité, la nature du sol dans lequel il est planté, n'aient pas été remplis. La tâche du Congrès eût été singulièrement facilitée. — Il appelle l'attention du Congrès sur la nécessité de recourir à l'envoi des imprimés destinés à recevoir ces renseignements et de les faire remplir.

Acte de cette réclamation est accordé à M. d'Estaintot.

INFLUENCE DU SOL. — Sur la proposition de M. Sirodot, le Congrès met à l'étude la question suivante : Quelle est l'influence exercée par le sol d'alluvion des environs de la Vilaine sur la production des fruits?

Le Congrès examine et décrit les fruits compris sous les numéros 68, 69, 70, 71, 72, 73, 74 et 75, et s'ajourne à demain, huit heures du matin, pour la continuation de ses travaux.

Signé : A. PITON DU GAULT.

3e **Séance.** — Le 13 novembre 1865, le Congrès s'est réuni à l'Hôtel-de-Ville de Rennes, sous la présidence de M. Michelin, vice-président, en l'absence de M. Delfaut, retenu au Palais par ses fonctions de président d'Assises.

Etaient présents : MM. le comte d'Estaintot, de Boutteville, secrétaire du Conseil d'administration du Congrès, Haudrechy et Damours, délégués de la Société horticole de Rouen; Martin, président du Comice agricole de Mordelles; Martin, membre de la Société d'Horticulture de Rennes; Androuin, président de chambre à la Cour impériale de Rennes; le baron de Cintré; Sirodot, professeur de botanique à la Faculté des Sciences de Rennes; Josse, Esnaud, Pontallié, Delaunay et Piton du Gault.

SESSION DE 1866. — Sur l'invitation du Président, il est donné lecture d'une lettre de M. le Secrétaire de la Société d'Horticulture de Melun, par laquelle cette Société demande que le Congrès choisisse Melun pour lieu de sa réunion en 1866.

M. de Boutteville fait observer que la Société d'Horticulture d'Alençon a formé l'année dernière la même demande, ainsi qu'il est constaté par le procès-verbal du Congrès, et que, s'il n'a pu être pris d'engagement à ce sujet, deux années à l'avance, des espérances ont été données à la Société d'Alençon de voir ses vœux se réaliser.

M. le Président reconnaît que le Congrès n'est pas lié par une décision antérieure en faveur d'Alençon, mais qu'il y a dans cette circonstance une priorité de demande, dont il semble qu'il doit être tenu compte.

Le Congrès, en accordant acte à la Société de Melun de sa

demande, décide que le Congrès tiendra, en 1866, sa session à Alençon.

OBSERVATIONS SUR LES DESCRIPTIONS. — Un membre fait observer que dans les descriptions faites l'an dernier des fruits mis à l'étude, il semble résulter une contradiction entre les qualités des fruits examinés et l'indication du cidre qu'ils servent à fabriquer. A l'appui de cette observation, il cité, par exemple, divers numéros du procès-verbal du cahier des descriptions, où se trouvent les mentions suivantes : Trois points — 2 points — *bon cidre*. Or, l'indication de ces points constate que les fruits sont d'une qualité inférieure, et cependant, d'après l'observation suivante, ces fruits donneraient un *bon cidre*.

Cette contradiction est plutôt apparente que réelle.

Il résulte des explications données que le Congrès qui n'a point dégusté le cidre n'a pu en constater la qualité, mais que cette déclaration émane du producteur et exprime son opinion personnelle à laquelle le Congrès reste entièrement étranger, n'ayant à cet égard exercé aucun examen ni aucun contrôle.

M. le comte d'Estaintot fait observer que le présentateur peut aussi obtenir de bon cidre, ainsi qu'il le déclare, à l'aide du mélange de différents fruits, mélange dont il ne tient pas assez compte dans sa déclaration.

Le procès-verbal de la précédente séance est lu et adopté.

CONSEIL D'ADMINISTRATION. — M. le Président rappelle que d'après les statuts de l'Association, il doit être procédé dans cette session à l'élection des membres qui doivent composer le Bureau d'administration.

Après la lecture des statuts il a été procédé au scrutin à l'élection de ces membres.

Ont été élus :

Pour Rouen.

MM. Le comte d'Estaintot, président du Conseil d'administration, membre de plusieurs Sociétés savantes, président de la Société d'Horticulture;

De Boutteville, chevalier de la Légion-d'Honneur, secrétaire du Conseil d'administration ;

Haudrechy, délégué de la Société de Rouen;

MM. Damours, délégué de la Société de Rouen ;
   Nicolle père ;
   Fauchet, président de la Société d'Agriculture de la Seine-Inférieure ;
   De la Londe du Thil, président de la Société d'Agriculture de l'arrondissement du Havre.

Pour Caen.

MM. Bertrand, maire ;
   De Formigny de la Londe, vice-secrétaire de la Société d'Agriculture ;
   Bayeux, président de la Société d'Horticulture.

Pour Paris.

M. Michelin, inspecteur des Contributions indirectes.

Pour Rennes.

MM. Delfaut, chevalier de la Légion-d'Honneur, président à la Cour impériale de Rennes, vice-président de la Société d'Horticulture d'Ille-et-Vilaine ;
   Sirodot, professeur d'histoire naturelle à la Faculté des Sciences de Rennes ;
   Piton du Gault, juge de paix, membre de la Chambre consultative d'Agriculture de Rennes.

Pour Avranches.

M. Laisné, président du Cercle horticole d'Avranches.

Pour Bayeux.

M. De Bonnechose, propriétaire à Monceaux.

Pour Alençon.

M. Dupont père, propriétaire.

Il a été ensuite procédé à l'étude des fruits depuis le numéro 76 jusqu'au numéro 81.

Le Congrès s'est ajourné pour la continuation de ses travaux à sept heures et demie du soir.

Signé : A. Piton du Gault.

Séance du soir, 13 **Novembre**. — Présidence de M. Delfaut.
— Sont présents tous les membres qui assistaient à la séance
précédente.

Qualités des fruits a cidre. — Le Congrès se livre à l'examen
de la question suivante :

— Quelles sont les qualités que doivent réunir les fruits pour
être classés au nombre des meilleurs ?

Après une discussion approfondie de cette question, à laquelle
prennent part successivement tous les membres du Congrès, sur
la proposition de M. Sirodot, le Congrès résume ainsi sa réponse :

Pour être classé au premier rang, un fruit doit être sucré,
amer et parfumé ;

Sucré, parce que le sucre est le principe qui, dans la fermentation, se transforme en alcool et donne au liquide une de ses
précieuses qualités ;

Amer, parce que ce principe contribue à la conservation du
cidre, et lui donne des propriétés hygiéniques ;

Parfumé, cette qualité rend la boisson agréable au goût et à
l'odorat.

Ce résumé est adopté à l'unanimité par le Congrès.

Fruits acides. — Pourquoi emploie-t-on généralement dans
l'Ille-et-Vilaine, dans une certaine proportion, les fruits acides
dans la fabrication du cidre ?

M. Haudrechy considère ce mélange comme nuisible; et, à l'appui de son opinion, il cite le soin que l'on prend dans certaines
contrées de la Normandie de rejeter tout fruit acide.

M. Sirodot dit que les substances tanniques qui existent dans les
fruits amers ou astringents, par leur action sur les mucilages
pendant la fermentation, opèrent la clarification des liquides. Il
conteste ces propriétés aux acides.

M. Josse fait observer que, pendant le travail du fruit vers la
maturité, l'acidité disparaît peu à peu, et finit par ne plus laisser
de traces.

Il demande si, pendant la fermentation dans le tonneau, le
même résultat n'est pas atteint?

M. Martin fait observer, de son côté, que du cidre fabriqué
exclusivement avec un fruit acide (la Savate) se conserve, et
devient excellent au bout de deux années.

M. de Boutteville expose que dans le département de Maine-et-Loire on fabrique du cidre, que l'on dit de bonne qualité, à l'aide de pommes acides, mais que ce cidre ne se conserve que pendant quelques mois; que les Anglais font usage d'un fruit semblable à notre petite Reinette; que dans quelques contrées de l'Amérique on emploie parfois des fruits de table; mais il pense que ces cidres ne peuvent conserver longtemps leurs qualités.

Il reconnaît toutefois avec MM. Haudrechy et Damours qu'à Rouen et dans cette partie de la Normandie renommée pour la supériorité de ses produits, l'on écarte avec soin de la fabrication tout fruit acide.

Quelques membres rappellent que MM. Girardin et Dubreuil conseillent l'emploi des fruits acides pour aider la clarification

M. Haudrechy dit que l'on obtient la clarification en employant un pain de craie pour six hectolitres de liquide.

Après une discussion à laquelle prennent part tous les membres, la proposition suivante est mise aux voix et adoptée.

L'acidité pure doit être rejetée.

L'acidité jointe au principe astringent peut être admise.

Conservation du Cidre. — M. Haudrechy appelle l'attention du Congrès sur le traitement du cidre en Normandie pour le conserver pendant plusieurs années. Ce moyen consiste à ajouter un hectolitre de jus nouveau chaque année sur 4 à 5 hectolitres de vieux cidre.

A l'aide de cette opération l'on conserve les cidres excellents pendant de longues années.

M. Delfaut demande si le cidre que l'on aurait chauffé à 95 degrés se conserverait facilement? Ce moyen est en usage pour assurer la conservation des vins disposés à graisser.

M. Sirodot s'appuyant de l'opinion de M. Pasteur répond que la chaleur portée à 75 degrés agit comme le ferait le tannin sur les matières albuminoïdes, elle les précipite.

Influence du Sol.— M. Sirodot insiste sur l'influence exercée sur les qualités des fruits par le terroir. Les sols bas, humides, comme les sols d'alluvion des bords de la Vilaine, ne produisent que des fruits d'une qualité inférieure, tandis que les arbres des coteaux élevés et des sols bien exposés donnent les meilleurs produits. Il termine cette observation en faisant remarquer que le développement des branches est toujours en harmonie avec celui des racines. Il importe donc pour obtenir le plus grand développement de celles-ci de défoncer le sol profondément.

Ces propositions sont adoptées.

COMMUNICATION DE PIÈCES ADRESSÉES AU CONGRÈS. — M. de Boutteville, secrétaire du Conseil d'administration donne communication :

1º D'un article sur la culture du pommier, la récolte des fruits et la fabrication du cidre, publié par M. Decorde, curé de Bures (Seine-Inférieure), dans le *Magasin Brayon*. Les conseils de l'auteur se réduisent aux suivants: Ne greffer que de bonnes espèces de pommes; employer le marc comme engrais au pied du pommier; se garder de briser les boutons à fruit lors de la récolte; ne piler les pommes ni vertes, ni pourries, mais mûres; user d'une grande propreté dans le brassage; employer l'eau de pluie ou de rivière; nettoyer bien les futailles et soutirer le cidre lorsqu'il a fermenté.

2º D'une lettre de M. Brossart, ancien notaire à Saint-Pol (Pas-de-Calais), auteur du *Guide pour la Fabrication du Cidre*. D'après M. Brossart, pour obtenir du bon cidre, les pommes amères doivent être employées pour un tiers au moins dans la fabrication.

Dans une publication jointe à la lettre de l'auteur, se trouvent les indications suivantes sur lesquelles se fixe particulièrement l'attention du Congrès.

Si l'on désire conserver le cidre longtemps, il faut augmenter proportionnellement la quantité des pommes amères.

Les meilleures pommes, dans chaque espèce, sont celles qui surnagent le moins dans l'eau saturée de sel.

Le jus exprimé à la fin de chaque pressurage est toujours meilleur que celui qui en sort dès le commencement.

Les pommes amères et de dernière saison produisent un jus plus dense que celui des autres pommes et surtout les plus douces.

Le Congrès prend avec intérêt communication :

1º D'une note qui lui est adressée par M. Olivier concer-

nant les soins utiles pour assurer la bonne conservation du
cidre ;

2° D'un mémoire de M. A. Le Guicheux, président du Comice
agricole de Fresnay (Sarthe).

Après avoir remonté à l'origine du pommier et avoir indiqué
les temps les plus reculés où il fut connu dans les parties tem-
pérées de l'Europe et de l'Afrique, et donné à ce sujet des renseignements pleins d'intérêt, M. le Guicheux donne la nomenclature
des pommes cultivées dans son pays, constate les qualités et les
défauts de chacune des espèces.

Il fait observer que si les pommes acides donnent beaucoup de
cidre, elles doivent néanmoins être rejetées de la fabrication des
cidres que l'on désire conserver.

Il attache une grande importance à l'espèce et au crû. Les sols
argilo-calcaires et argilo-ferrugineux doivent être classés au
nombre des crûs inférieurs.

Le Congrès vote des remercîments aux personnes qui ont bien
voulu lui adresser des renseignements.

Séance du 14 Novembre. — PRÉSIDENCE DE M. PITON DU GAULT.
— Sont présents tous les membres qui assistaient aux séances
précédentes.

Le Congrès examine, décrit et dessine les fruits mentionnés
depuis le numéro 76 jusqu'au numéro 118.

PROPOSITIONS ET VŒUX DIVERS. — M. le comte d'Estaintot,
sur le point de se séparer de ses collègues et de se rendre à
Rouen, où l'appellent ses affaires, demande qu'avant la clôture
du Congrès les membres émettent les vœux qu'ils jugent convenables sur les mesures à prendre pour faciliter les travaux, sur
les questions à mettre à l'étude ; en un mot, sur ce qu'ils croiront
le plus utile à faire atteindre les meilleurs résultats à l'œuvre
d'intérêt public que poursuit l'Association. Il pense que la statis-
tique des produits de chaque département où se tient le Congrès,
celle du commerce dont ils sont l'objet, soit comme fruits, soit
lorsqu'ils ont été employés à la fabrication du cidre ou de l'eau-de-
vie ; qu'une enquête sur le mode de pressurage, l'état des celliers,
la différence de contenance des fûts, la durée de la conservation du
cidre, devront appeler l'attention du Congrès ; et que les Sociétés,

les Comices des départements, dans lesquels se tiendra chaque
année le Congrés, doivent être invités, en temps utile, à préparer les éléments de ces études, de ces enquêtes, afin d'arriver aux
constatations propres à fixer l'opinion publique sur la situation
comparative de cette branche de l'économie rurale dans les
divers départements qui s'en occupent et sur les progrès qu'il convient de provoquer et de réaliser dans chacun d'eux. Grâces à ces
mesures, le nom de Congrès sera justifié et le but qu'il doit
atteindre sera réalisé.

Acte de cette demande est accordé à M. le comte d'Estaintot.

M. Piton du Gault demande qu'un registre, dont les pages
seront numérotées, serve chaque année à la description des
fruits; que chaque page, ou la moitié de chaque page soit destinée à une description et reçoive à la marge un numéro d'ordre qui
sera reproduit avec le nom des fruits décrits à la table placée à la
fin du volume; que deux lignes soient affectées aux indications
devant les mots imprimés : Nom, synonyme, saison, arbre, sol,
fruit, épiderme, œil, pédoncule, chair, eau, en suivant l'ordre
observé jusqu'ici, et que deux lignes en blanc soient laissées à la
fin de chaque article en face du mot imprimé : Observations. Le
Congrès conservant ce volume pourra, chaque fois que l'occasion
s'en présentera, complèter la description ou annoter ce qui sera
ultérieurement jugé convenable concernant chaque fruit, et tenir
ainsi ce travail constamment au courant suivant ce qui aura été
appris.

M. Piton du Gault émet le vœu que les membres de l'Association et ses correspondants veuillent bien rechercher et constater
autant que possible dans leurs contrées les causes présumées de
la stérilité totale ou partielle des arbres, lorsqu'elle viendra à se
produire.

Séance du 15 Novembre. — Présidence de M. A. Piton du
Gault. — Les mêmes membres qu'aux précédentes séances sont
présents.

Des vœux sont successivement émis sur la mise à l'étude des
questions suivantes :

1° Quelle est la meilleure méthode à suivre pour la création
des pépinières?

2° Les soins à prendre pour la plantation des arbres à fruit et pour leur conservation dans les pièces de terre et dans les vergers?

3° Quel est le meilleur mode de fabrication du cidre?

4° Quelle est la quantité de pommes employée pour la fabrication d'un hectolitre de cidre dans nos différents départements?

5° Doit-on, pour les semis, employer des pépins de choix? Quelle est l'espèce de pomme qui fournit les meilleurs pépins?

Le Congrès remercie M. le comte d'Estaintot du concours qu'il a bien voulu donner aux travaux du Congrès.

Des remercîments sont aussi adressés à MM. Michelin de Paris, de Boutteville, Haudrechy et Damours, et notamment à ces trois derniers qui ont pris part à toutes les séances et ont fourni d'utiles renseignements.

Enfin le Congrès remercie MM. les Présidents des Comices qui ont envoyé des collections de fruits et des notices utiles à consulter, et notamment M. Martin, président du Comice agricole de Mordelles, et M. Esnaud, M. Sirodot, qui pendant toutes les séances, comme avant la réunion du Congrès, ont prêté à l'œuvre le plus dévoué concours.

2

LISTE ALPHABÉTIQUE & DESCRIPTIVE

DES

POMMES A CIDRE

MISES A L'ÉTUDE

Pendant la Session tenue à Rennes, au mois de Novembre 1865.

NOTA. — Les numéros d'ordre qui précèdent les noms des fruits correspondent aux dessins exécutés pendant les séances et faisant partie des archives du Congrès.

---

88. **Barbarie**, *syn.* **Monte-en-l'Air**. — 3e saison. — Arbre très vigoureux, très élevé, très fertile. — Fruit gros, rond, déprimé; épiderme jaune verdâtre, parsemé de taches grises rousses, légèrement rugueux, lavé et rayé de rouge clair dans les deux tiers de la surface; œil moyen, fermé, dans une cavité peu profonde, très irrégulière et bosselée; pédoncule court, charnu et souvent avec un mamelon à sa base, dans une cavité peu profonde, étroite et régulière, lavée de gris roux; chair blanche, ferme; eau abondante, sucrée, amère. — 5 points. — *Plélan.* — M. *Martin.*

75. **Bédan blanc** ou **Bédange**. — 3e saison. — Arbre fertile, productif dans le centre de l'arbre. — Fruit moyen, rond, déprimé, plus développé d'un côté que de l'autre; épiderme jaunâtre parsemé de petits points gris, lavé de carmin du côté du soleil lorsque les fruits y sont exposés; œil moyen, entr'ouvert, dans une cavité peu profonde, irrégulière, légèrement côtelée; pédoncule moyen, souvent court, ligneux, dans une cavité assez profonde et

étroite, légèrement lavée et rayée de gris fauve; chair blanche,
demi-tendre; eau assez abondante, sucrée, légèrement amère et
parfumée. —- 6 points.

76. Bédange rouge. — 3ᵉ saison. — Arbre vigoureux, fertile,
tête arrondie, pyramidale. — Fruit rond, déprimé, plus développé
d'un côté que de l'autre; épiderme jaune verdâtre, lavé et rayé
de rouge sombre, surtout du côté du soleil; œil petit, fermé,
dans une cavité très peu profonde, presqu'à fleur du fruit, marquée de bosselettes; pédoncule moyen, ligneux, dans une cavité
peu profonde, régulière, lavée d'une tache de gris fauve; chair
demi-fine, blanche-jaunâtre, tendre; eau abondante, sucrée,
parfumée, légèrement amère. — 6 points. — *Plélan. M. Martin.*

Nota. — L'on confond quelquefois la Bédange et la Tesnière.

108. Belyvient ou **Belyvien.** — 2ᵉ saison. — L'arbre produit
tous les ans. — Fruit moyen, rond, déprimé, aplati; épiderme
jaune pâle, presque entièrement couvert de raies rouge carmin; œil moyen, ouvert, dans une cavité peu profonde, plissée
et côtelée; pédoncule court, dans une cavité très profonde,
irrégulière et évasée, lavée de gris fauve; chair blanche jaunâtre,
demi ferme; eau abondante, sucrée, légèrement parfumée et
amère. — 4 points. — *Cancale.*

96. Bobelin, *syn.* **Carelle.** — 3ᵉ saison. — Arbre vigoureux,
sol riche et profond. — Fruit de table.

Bonne Ente. Voyez **Saint-Julien.**.

Bonne Femme. Voyez **Grand'Mère.**

111. Bréquigny ou **Doux du Moulin.** — 3ᵉ saison. — Floraison fin juin et juillet. — Arbre vigoureux, à rameaux grêles
et horizontaux. — Fruit petit, rond, aussi haut que large, légèrement côtelé; épiderme jaune pâle, parsemé de petits points
bruns; œil moyen, entr'ouvert, dans une cavité peu profonde,
irrégulière et mamelonnée; pédoncule moyen, ligneux, dans
une cavité profonde, étroite et régulière, très sensiblement lavée
dans le fond seulement de gris fauve; chair blanche, demi-
ferme; eau assez abondante, sucrée, parfumée. — 4 points. —
Rennes.

107. Canary blanc. - 2ᵉ saison. — Arbre très vigoureux,

tous les sols lui conviennent, très fertile, tête arrondie. — Fruit moyen, rond, aplati; épiderme jaune-pâle, lavé, rayé et marbré de rouge carminé; œil moyen, entr'ouvert ou fermé dans une cavité peu profonde, bosselée en forme d'étoile; pédoncule court, profondément implanté dans une cavité étroite et régulière, lavée d'une tache de gris-roux; chair blanche, demiferme; eau assez sucrée et parfumée. — 4 points. — *Mordelles, Bréal et Chavagnes.*

98. Carelle. Voyez **Bobelin.**

81. Châtaignier. — 2ᵉ saison. — Arbre fertile, de vigueur moyenne. — Fruit moyen, rond, déprimé, aplati vers sa base; épiderme jaune pâle, lavé et rayé de rouge carminé sur toute sa surface; œil petit, fermé, dans une cavité peu profonde, évasée et légèrement mamelonnée; pédoncule court, ligneux, disparaissant entièrement dans la cavité régulière, lavée de gris brun; chair blanche, ferme; eau assez abondante, sucrée, légèrement parfumée. — 3 points. — *Cancale.*

103. Claret, *syn.* **Pomme de Gapais.** — 3ᵉ saison. — Arbre productif. — Fruit moyen, rond, aplati; épiderme jaune pâle, parsemé de petits points gris bruns; œil moyen, fermé, dans une cavité assez profonde, plissée et large; pédoncule moyen, ligneux, dans une cavité étroite, peu profonde et régulière, lavée d'une tache de gris clair; chair blanche, demi-tendre; eau abondante, sucrée, acidulée. — Fruit de table. — *Environs de Rennes. M. Delaunay.*

115. De Grelot *ou* **Sonnette.** — 2ᵉ saison. — Fruit très gros, légèrement conique; épiderme jaune citron, presqu'entièrement recouvert de raies et marbré de rouge foncé; œil petit, fermé, dans une cavité peu profonde, presqu'à fleur de fruit, côtelé; pédoncule moyen, dans une cavité très profonde, étroite et régulière, irrégulièrement lavée de gris-fauve; chair blanche jaunâtre, tendre; eau suffisante, sucrée et parfumée. — 3 points.

68. Dourdain. — 3° saison. — Tous les sols et toutes les expositions lui conviennent. — Arbre à tête en parasol, fertile. — Fruit moyen, arrondi, déprimé; épiderme verdâtre, pointillé de gris fauve, coloré de rose clair du côté du soleil; œil moyen, ouvert, renfermé dans une cavité peu profonde, plissée ; pédoncule ligneux, mince, long de 2 centimètres, dans une cavité peu profonde, lavée de gris brun ; chair blanche verdâtre, demi-ferme ; eau abondante, légèrement sucrée, légèrement acide (dégustée avant maturité). — 3 points. — *Canton de Liffré ; envoi de Mordelles.*

110. **Doux Amer.** — 3ᵉ saison. — Arbre vigoureux à rameaux très étalés, fertile. — Fruit gros, rond, légèrement déprimé ; épiderme jaune verdâtre, lavé et marbré de gris fauve, lavé et ponctué de rouge carminé du côté du soleil ; œil moyen, fermé ou entr'ouvert dans une cavité assez profonde, large, évasée, côtelée ; pédoncule moyen, ligneux, dans une cavité profonde, étroite et régulière, lavée de gris fauve ; chair blanche jaunâtre, demi-ferme ; eau abondante, sucrée, très amère, parfumée. — 6 points. — *Rennes.*

102. **Doux Amer.** — 2ᵉ saison. — Fruit moyen, rond, fortement déprimé, assez fortement côtelé ; épiderme jaune-pâle verdâtre, parsemé de petits points gris clair ; œil moyen, fermé, dans une cavité profonde, étroite, irrégulière et légèrement côtelée ; pédoncule très court, disparaissant dans la cavité dans laquelle il est implanté ; cavité étroite, profonde, irrégulière, lavée de gris brun, s'irradiant à la base ; chair blanche verdâtre, demi-tendre ; eau suffisante, peu sucrée, assez fortement amère. — 2 points. — *Saint-Symphorien. M. Aubrée.*

87. **Doux Amer.** — 2ᵉ Saison. — Arbre vigoureux, pyramidal, très fertile. — Fruit gros, conique ; épiderme jaunâtre clair, lavé et rayé de rouge clair, parsemé de grosses tâches grises pâles ; œil petit, fermé, dans une cavité peu profonde, plissée et évasée ; pédoncule très court, enfoncé dans une cavité assez profonde, étroite et irrégulière ; chair blanche, tendre ; eau assez abondante, sucrée, légèrement parfumée. — Bonne pour compote. — 4 points. — *Saint-Gilles. M. Martin.* — Origine normande, dit-on.

114. **Doux Amer.** — 3ᵉ saison. — Arbre vigoureux, très productif, fourni en bois. — Fruit moyen, sphérique, légèrement aplati à ses extrémités ; épiderme jaune pâle, lavé et rayé de rouge carminé ; œil petit, fermé, dans une cavité peu profonde, régulière,

sillonnée ; pédoncule moyen, ligneux, dans une cavité profonde, étroite et régulière, marquée de marbrures gris roux, très écailleuses ; chair blanche jaunâtre, ferme ; eau assez abondante, fortement sucrée, parfumée.— 5 points. — *Rennes.*

A comparer avec l'Ameret rouge de la Seine-Inférieure, page 176, coté 3 points seulement.

107. **Doux crasseux,** *syn.* **Tressart,** à Redon et Montfort ; **Doux gris,** à Hédé ; peut-être le même que le Muscadet de la Sarthe et le Muscadet décrit page 109 des publications de la Société d'Horticulture de la Seine-Inférieure. — 3e saison. — Fleurit dans les derniers jours d'avril. — Arbre très productif, à branches horizontales. — Fruit petit, déprimé, plus développé d'un côté que de l'autre, légèrement côtelé ; épiderme jaunâtre, lavé et marbré de gris roux ; œil petit, fermé, dans une cavité profonde, étroite et plissée ; pédoncule court, dans une cavité assez profonde, évasée, régulière, lavée de gris roux ; chair blanche, légèrement verdâtre, demi-ferme ; eau assez abondante, sucrée, légèrement parfumée, très légèrement amère. — 4 points. — *Saint-Symphorien. M. Aubrée.*

Observation : Bon cidre, seule.

70. **Doux de la Butte.** — 3e saison. — Fruit rond, moyen, légèrement conique, plus large que haut ; épiderme jaune verdâtre, strié de rouge sanguin ; ponctué et marbré de gris ; œil moyen fermé dans une cavité peu profonde, irrégulière, plissée, étroite, mamelonnée ; pédoncule ligneux, variable de 6 à 20 millimètres, dans une cavité régulière, assez profonde, lavée de gris fauve ; chair blanche, verdâtre, tendre ; eau abondante, sucrée, légèrement parfumée et très légèrement amère. — 4 points. — *Commune de Mordelles.*

93. **Douce Morel** *ou* **Morelle,** *syn.* **Gros doux rouge,** n° 101. — 2e saison. — Arbre vigoureux à bois épais, fertile, pyramidal. — Fruit gros, ovoïdé, pyramidal ; épiderme jaune verdâtre, lavé et rayé de rouge clair du côté du soleil ; œil moyen, fermé ou entr'ouvert, dans une cavité peu profonde, évasée et fortement plissée ; pédoncule moyen, ligneux, court, dans une cavité profonde, régulière et évasée, dont le fond est lavé de gris roux ; chair blanche, tendre ; eau abondante, sucrée et légèrement par-

fumée. — 4 points. — Répandue dans le département d'Ille-et-Vilaine, sous la même dénomination et surtout dans l'arrondissement de Montfort.

106. **Doux de la Forière.** — 2ᵉ saison. — Arbre productif, fleurissant fin avril. — Fruit gros, rond, déprimé ; épiderme jaune citron, parsemé de petits points roux bruns et de taches de même couleur ; œil moyen, entr'ouvert, dans une cavité profonde, très large et côtelée ; pédoncule court, ligneux, dans une cavité très profonde, étroite et régulière, lavée d'une tache de gris brun ; chair blanche jaunâtre, fine, tendre ; eau assez abondante, fortement sucrée, légèrement parfumée. — 4 points. — *Betton. M. Androüen.*

Doux du Moulin, *voyez* **Bréquigny.**

113. **Doux Fréquin.** — 3ᵉ saison. — Fruit très gros, rond, déprimé, très régulièrement développé ; épiderme jaune verdâtre, parsemé de très petits points bruns, lavé de rouge clair du côté du soleil ; œil moyen, fermé, dans une cavité très profonde, étroite, irrégulière et lavée de gris roux, s'irradiant à la base ; chair blanche, demi tendre ; eau assez abondante, sucrée et parfumée. — 4 points. — *Mordelles.*

Doux gris, *voyez* **Doux crasseux.**

97. **Doux Normand.** — 2ᵉ saison. — (A comparer avec le *Gros Binet rouge* des environs d'Elbeuf). — Fruit moyen, rond, légèrement conique ; épiderme jaunâtre, lavé et rayé de rouge carmin sur les deux tiers de la surface, parsemé de gros points gris ; œil moyen, fermé, dans une cavité peu profonde, fortement plissée et légèrement évasée ; pédoncule très court, ligneux, dans une cavité très profonde, étroite et régulière, lavée de gris fauve ; chair blanche, tendre ; eau suffisante, sucrée, légèrement amère, légèrement parfumée. — 4 points. — *Commune de Liffré.*

80. **Faux Doux l'Evêque.** — 2ᵉ saison. — Arbre vigoureux, fertile, se soutenant bien. — Fruit petit, rond, plus large que haut ; épiderme jaune verdâtre, se colorant parfois au soleil d'une teinte rougeâtre très claire ; œil moyen, fermé, dans une cavité assez profonde, régulière, légèrement évasée ; pédoncule moyen, ligneux, s'allongeant à fleur du fruit, implanté dans

une cavité profonde, étroite, lavée de gris très foncé, s'irradiant à sa base; chair blanche, tendre, demi fine; eau abondante, sucrée et amère. — 4 points. — *Cancale.*

104. **Fréquin rayé rouge.** — Décrit à la page 184 du Bulletin de la Socité d'Horticulture de Rouen.— 3 points.

Gilet blanc, *voyez* **Pomme de Jaune.**

Gilet normand, *voyez* **Petit Gilet.**

Gilet vert, *voyez* **Petit Gilet.**

Giot rouge. — 3e saison. — Arbre très fertile, vigueur médiocre; fruit petit, pyramidal, tronqué; épiderme jaunâtre lavé de gris roux; œil fermé, petit, dans une cavité étroite, peu profonde, irrégulière et plissée; pédoncule court, ligneux, enfoncé dans une cavité étroite, irrégulière, légèrement nuancée de roux; chair blanche, ferme et résistante; eau assez abondante, peu sucrée, très astringente. — 3 points. — *Canton de Châteaubourg.*

On déclare que cette pomme est très recherchée dans le pays, et que, employée seule, elle donne d'excellent cidre de longue garde.

95. **Gougeon.** — 2e saison. — Arbre moyen, assez vigoureux, arrondi. — Fruit moyen ou gros, ovoïde; épiderme jaunâtre, lavé et rayé de rouge clair sur les 2/3 de sa surface; œil petit, fermé, dans une cavité assez profonde, irrégulière et bosselée; pédoncule moyen, ligneux, dans une cavité profonde, étroite, régulière et lavée de brun; chair blanche, tendre, assez abondante, sucrée et bien parfumée. — 4 points. — *Mordelles.*

112. **Grand Mère** *ou* **Bonne Femme** dans les environs de Rennes; **Gros doux** à Mordelles. — 3e saison. — Arbre de vigueur moyenne, se couvrant facilement de mousse dans les terrains humides, peu fertile. — Fruit très gros, rond, légèrement déprimé, plus développé d'un côté que de l'autre; épiderme jaune verdâtre, ponctué et légèrement marbré de gris roux, légèrement lavé de roux du côté du soleil; œil moyen, fermé, dans une cavité peu profonde, étroite et plissée, relevée de protubérances irrégulières; pédoncule moyen, ligneux, dans une cavité très profonde, étroite et irrégulière, lavée de gris fauve s'irradiant à la base; chair blanche légèrement jaunâtre, demi-tendre; eau assez abondante, sucrée, légèrement parfumée. — 4 points. — *Rennes.*

73. Gros doux.— 2ᵉ saison.— Terrain sablonneux, peu fécond.
— Arbre vigoureux.— Fruit gros, plus large que haut, légèrement
côtelé ; épiderme jaune verdâtre, parsemé de petits points gris sur
toute sa surface, légèrement lavé de rouge du côté du soleil ; œil
moyen, fermé, dans une cavité peu profonde, irrégulièrement
côtelée ; pédoncule court, assez gros, ligneux, dans une cavité très
profonde, peu régulière, lavée de gris fauve ; chair blanche jaunâtre, tendre ; eau abondante, légèrement sucrée. — 1 point. —
Mordelles.

Gros doux, *voyez* **Grand'Mère**.

101 **Gros doux rouge** de Rennes.— La même que la Douce
Morelle des environs de Montfort. *Voyez ce nom*.

Jacques Métier.— 2ᵉ saison.— Arbre vigoureux, tête arrondie,
fertile.— Fruit gros, irrégulier et conique ; épiderme jaunâtre,
parsemé de petits points roux, lavé de rouge clair ; œil moyen,
fermé, dans une cavité profonde, étroite, irrégulière, plissée et
sillonnée ; pédoncule court, ligneux dans une cavité profonde,
lavée irrégulièrement de gris brun ; chair blanche, très tendre ;
eau abondante, légèrement sucrée et amère.— 4 points.— *Plélan*.
M. Martin.

69. **Locard blanc**. — 3ᵉ saison — Tous les sols. — Arbre
fertile à tête arrondie.— Fruit rond plus large que haut ; épiderme
jaune verdâtre, parsemé de petits points gris légèrement saillants
et de petites tâches brunes, lavé de rose vif du côté du soleil ; œil
moyen, fermé, dans une cavité peu profonde, irrégulière, large,
côtelée légèrement ; pédoncule ligneux, mince, enfoncé dans une
cavité profonde, régulière, lavée d'une tâche de gris fauve, s'irradiant à la base du fruit ; chair blanche verdâtre ; eau abondante,
sucrée, légèrement parfumée. — Le cidre fabriqué avec ce fruit
seul graisse presque constamment (1). — 2 points seulement lui

(1) Ce défaut est celui des pommes qui, comme celle-ci, ne contiennent que
du sucre et du parfum, sans principe astringent. Elles ne doivent pas être
rejetées par cela seul, parce qu'il est facile d'en obtenir des cidres limpides
en les mélangeant avec une suffisante quantité de pommes amères dont les
éléments tanniques précipitent les principes mucilagineux. C'est ce qui
résulte de ce qui a été dit plus haut, pages 7 et 12.

(*Note du Secrétaire du Conseil d'administration.*)

ont été accordés, par cette considération, malgré les avantages qu'elle a offerts à la dégustation.— *Mordelles.*

83. **Louis Desguez.** — 3ᵉ saison. —Arbre à branches verticales, élancées, fertile, produisant tous les deux ans, vigoureux. — Fruit moyen, conique ou ovoïde; épiderme jaunâtre, légèrement marbré par places de gris roux; œil moyen, fermé, dans une cavité étroite, peu profonde et plissée; pédoncule gros, court, charnu dans une cavité étroite, très peu profonde et régulière, lavée d'une tache de gris fauve; le pépin affecte une forme allongée et pointue; chair blanche, assez ferme, disque du cœur verdâtre; eau abondante, sucrée et un peu amère. — 5 points. — *Cancale.*

Monte-en-l'Air, *voyez* **Barbarie.**

84. **Mussette** — 3ᵉ saison.— Arbre assez vigoureux, à branches retombantes, formant parasol. — Fruit moyen, à forme conique, tronquée; épiderme jaune verdâtre, lavé et ponctué de rougeâtre du côté du soleil, parsemé de gros points roux; œil moyen, fermé, dans une cavité peu profonde, légèrement évasée et plissée; pédoncule moyen, ligneux, dans une cavité assez profonde, étroite, régulière, lavée de gris brun; chair blanche, demi-tendre; eau suffisante, sucrée. — 5 points. — *Marais de Dol.*

Il a été dégusté deux bouteilles de cidre fabriqué avec cette variété et avec la pomme Louis Desguez, nᵒ 83. La qualité a paru inférieure à celle qui est jugée bonne dans le pays.

116. **Pépin rouge.**— 3ᵉ saison.— Mauvais.

71. **Petit bois.**—2ᵉ saison. - Arbre en parasol, 1ʳᵉ floraison.— Fruit petit, déprimé, rond et inégalement développé; épiderme lavé et cavités striées d'un rouge carminé; œil petit, fermé, dans une cavité moyenne et irrégulière, bossuée; pédoncule ligneux, de six à dix millimètres, dans une cavité assez profonde, régulière, teintée de gris fauve; chair blanche jaunâtre, rosée vers l'épiderme; eau abondante, légèrement sucrée et astringente.— 3 points. — *Mordelles.*

85. **Petit-Gilet**, ou **Gilet-Vert**, ou **Gilet-Normand.**—3ᵉ saison. — Arbre très fertile, assez vigoureux, mais petit. — Fruit petit,

conique, relevé de côtes; épiderme jaune verdâtre, parsemé de petits points gris et lavé de rouge variable du côté du soleil; œil petit, fermé, dans une cavité peu profonde, étroite et plissée; pédoncule long, grêle, dans une cavité très profonde, étroite, régulière, lavée de gris brun; chair blanche, verdâtre, tendre; eau assez abondante, très acidulée et très légèrement sucrée. — 3 points. — *Rennes*.

78. **Pied-Court**. — 2ᵉ saison. — Arbre de moyenne grandeur. — Fruit petit, ovoïde, irrégulièrement développé; épiderme jaune verdâtre, presqu'entièrement lavé et rayé de rouge carmin, parsemé sur toute son étendue de petits points cendrés; œil moyen, entr'ouvert, dans une cavité peu profonde, irrégulière et côtelée; pédoncule court, quelquefois charnu, dans une cavité peu profonde, presqu'à fleur du fruit, lavée de gris roux; chair blanche, tendre, creuse; eau abondante, légèrement sucrée, fortement amère. — Bon cidre selon l'indication du présentateur. — 6 points. — *Cancale. M. le Président du Comise agricole.*

99. **Pigeon** dit de **Jaune**, voyez **Pomme de Jaune**, nᵒ 74.

Pomme de Gapais, voyez **Claret**.

74. **Pomme de Jaune**; *syn.* **Pigeon de Jaune**; **Gilet blanc**, arrondissemᵗ de Redon. — 2ᵉ saison. — Terrain fertile, schisteux. — Arbre peu vigoureux d'ordinaire, vigoureux seulement dans un bon sol, exigeant sous ce rapport, peu productif. — Fruit moyen, rond, déprimé, légèrement côtelé, développé plus d'un côté que de l'autre; épiderme jaune, carminé du côté du soleil; œil petit, fermé, dans une cavité peu profonde, irrégulière et plissée; pédoncule moyen, ligneux, dans une cavité assez profonde plissée légèrement, rugueuse, lavée de gris brun; chair jaunâtre, tendre; eau peu abondante, sucrée, parfumée, astringente. — 5 points. — *Environs de Rennes. Collect. de M. Delaunay.*

109. **Pomme du Lac**. — 2ᵉ saison. — Arbre vigoureux, produisant tous les deux ans. — Fruit gros, rond, déprimé, plus développé d'un côté que de l'autre; épiderme jaune pâle, gris fauve du côté de l'ombre, lavé et pontué de rouge carminé du côté du soleil, étoilé de points gris clair; œil grand, ouvert, dans une cavité peu profonde, très évasée, plissée et marquée de lignes concentriques, de couleur grise; pédoncule court, charnu, disparais-

sant dans une cavité profonde, étroite, régulière, marbrée de gris
roux, écailleux; chair blanche, tendre; eau assez abondante,
sucrée, parfumée et amère. — 6 points. — *Cancale.*

94. Pomme de rivé. — 3ᵉ saison. — Arbre vigoureux. —
Fruit rond, déprimé, plus développé d'un côté que de l'autre;
épiderme verdâtre, lavé et rayé de rouge. — Fruit très acide. —
1 point.

86. Reinette-Douce. — 3ᵉ saison. — Arbre très vigoureux,
très fertile, d'un port élevé, à branches verticales. — Fruit petit
ou moyen, rond, déprimé, légèrement côtelé; épiderme jaune
verdâtre, marbré de teintes grises fauves, rugueux; œil moyen,
entr'ouvert, dans une cavité peu profonde, plissée et évasée; pédoncule moyen, ligneux, dans une cavité très profonde, régulière
et évasée; chair blanche, jaunâtre, demi-tendre; eau peu abondante, sucrée, très légèrement amère. — 3 points. — *Cancale.*

89. Reparon. — 3ᵉ saison. — Arbre très vigoureux, pyramidal, bois serré, très fertile, produisant deux années de suite et
quelquefois trois. — Fruit moyen, rond, plus large que haut,
côtelé; épiderme jaune verdâtre; œil petit, fermé, dans une cavité peu profonde, étroite et plissée; pédoncule court, ligneux,
dans une cavité étroite, profonde, s'évasant régulièrement, lavée
de gris brun; chair blanche jaunâtre, ferme; eau abondante, sucrée, légèrement parfumée. — 4 points. — *Plélan. M. Martin.*

117. Rouget de Dinan; *syn.* **Barbarie.** — L'arbre monte en
l'air.

100. Saint-Julien ou **Bonne-Ente.** — 3ᵉ saison. — 2ᵉ floraison.
— Fruit petit, rond, aplati; épiderme jaune citron, parsemé de
petits points gris foncés, légèrement rugueux, lavé de rouge clair
du côté du soleil; œil moyen, dans une cavité peu profonde,
irrégulière et bosselée; pédoncule mince, ligneux, long de 20 millimètres environ, dans une cavité assez profonde, étroite et régulière, lavée légèrement de gris fauve; chair blanche, demi-tendre;
eau assez abondante, sucrée, légèrement parfumée. — 3 points.
— *Commune de Noyalle.*

72. Sandrine. — 2ᵉ saison. — Pommier non greffé. — Fruit
moyen, rond, déprimé, aplati vers le pédoncule; épiderme jaune

verdâtre, parsemé de petits points gris, légèrement lavé de rose clair du côté du soleil ; œil moyen, fermé, dans une cavité profonde, large, légèrement côtelée ; pédoncule court, dans une cavité profonde, irrégulière, côtelée, lavée de gris ; fond écailleux ou lamelleux ; chair blanche jaunâtre, tendre ; eau abondante, légèrement sucrée et acidulée. — 3 points. — *Mordelles.*

91. Savatte aigre. — 3e saison. — Arbre très vigoureux, des plus productifs. — Fruit gros, rond, plus large que haut ; épiderme verdâtre, jaunissant légèrement à la maturité, parsemé de gros points gris brun ; œil moyen, fermé ou entr'ouvert, dans une cavité assez profonde, plissée, légèrement évasée ; pédoncule moyen, ligneux, dans une cavité profonde, assez large, irrégulière, lavée de gris brun ; chair verdâtre, ferme ; eau abondante, légèrement sucrée et très acidulée. — Le cidre est bon la seconde année, d'après la déclaration du présentateur. — 2 points. — *Plélan. M. Martin.*

92. Savatte douce. — La même que la Reinette douce décrite au n° 86. — *Plélan.*

Dans quelques pays, la Reinette est désignée sous le nom de Savatte. — Il existe une autre espèce de Savatte douce qui n'a rien de commun avec la Reinette douce.

Sonnette, *voyez* **de Grelot.**

77. Tesnière. — 3e saison. — Arbre vigoureux, fertile, tête arrondie, pyramidale. — Fruit moyen, rond, aussi haut que large, légèrement ovoïde ; épiderme jaunâtre, presqu'entièrement couvert de rouge carminé ; œil petit, fermé, dans une cavité peu profonde, très légèrement bosselée ; pédoncule moyen, ligneux, dans une cavité peu profonde, régulière, presqu'à fleur de fruit, lavée de gris ; chair légèrement verdâtre, ferme ; eau abondante, légèrement sucrée, astringente. — 5 points. — *Saint-Gilles, canton de Mordelles.*

118. Tonton de la Bras — 3e saison. — Arbre peu productif, très vigoureux.— Terrain sec.— Fruit petit, pyramidal ; épiderme jaunâtre, pâle, lavé de rouge carmin du côté du soleil ; marqué de gros points gris et de quelques taches de même couleur ; œil petit, entr'ouvert, dans une cavité assez profonde, bosselée et sillonnée ; pédoncule court, de grosseur moyenne, inséré dans une cavité assez profonde, colorée de gris ; chair blanche verdâtre, grosse, demi-fine ; eau suffisante, sucrée, amère, et légèrement, parfumée. — 5 points.

Tressart, *voyez* **Doux crasseux.**

79. **Vert Bouteille.** — 2ᵉ saison. — Arbre à branches horizontales, très productif. — Fruit rond, régulier, déprimé ; épiderme uniformément jaune verdâtre, parsemé de gros points gris bruns ; œil moyen, entr'ouvert, dans une cavité peu profonde, légèrement évasée et légèrement plissée ; pédoncule moyen, ligneux, dans une cavité assez profonde et régulière ; chair blanche, jaunâtre, tendre, demi-fine ; eau suffisante, sucrée. — 3 points. — *Rennes.* *M. Androüen.*

LISTE DES MEMBRES

DU

CONGRÈS

POUR

L'ÉTUDE DES FRUITS A CIDRE

ET DES

SOCIÉTÉS ADHÉRENTES.

———◆———

Sociétés ayant donné leur adhésion.

La Société centrale d'Agriculture de la Seine-Inférieure.
La Société d'Agriculture et de Commerce de Caen [Calvados].
La Société d'Agriculture de l'arrondissement du Havre.
La Société impériale et centrale d'Horticulture de Paris.
La Société impériale et centrale d'Horticulture de la Seine-Infé-
rieure.
La Société d'Horticulture du Calvados.
La Société d'Horticulture d'Ille-et-Vilaine.

Membres du Congrès.

MM. ACHER, propriétaire à Yvetot.
ANDROUEN, président de Chambre à la Cour impériale, rue de
Belaire, à Rennes.
ANGOT, propriétaire, rue du Pré, 71, à Rouen.
APVRIL, docteur-médecin, rue de Trianon, 2, à Rouen.
AUBRÉE [F.], greffier en chef de la Cour impériale de Rennes.

MM. BAYEUX, président de la Société d'Horticulture, place Saint-Sauveur, 14, à Caen.

BERJOT [F.], membre des Sociétés d'Agriculture et d'Horticulture de Caen, impasse de la Fontaine, à Caen.

BERTRAND, maire de la ville de Caen, député.

BLIN [P.-F.], prêtre à Lasson, près Caen.

BONNECHOSE [A. DE], à Monceaux, près Bayeux.

BOUTTEVILLE [DE], D.-M., vice-président de la Société d'Horticulture de la Seine-Inférieure, grande rue Saint-Gervais, 10 B, à Rouen.

BRICON [L.], jardinier en chef à l'Hôtel-Dieu de Caen.

CHATEL [Victor], à Valcongrin [Calvados].

COLLET [L.], à Croisilles, près Lurault [Calvados].

COLLEU, jardinier en chef du Jardin-des-Plantes de Rennes.

COLMICHE [A.], secrétaire de Bureau de la Société d'Horticulture, à Caen.

COUTIL-DUMESNIL [le général], à Caen.

DAMOURS [Augustin], pépiniériste à Roncherolles, près Rouen.

DAUFRESNE, receveur municipal, à Lisieux.

DAVID-BEAUJOUR, président du tribunal de commerce, à Caen.

DEBONNE, propriétaire, rue du Champ-des-Oiseaux, 41, à Rouen.

DELAUNAY, préfet du département du Calvados.

DELAUNAY [L.], secrétaire de la Société d'Horticulture d'Ille-et-Vilaine, Pré-Botté, 12, à Rennes.

DELFAULT, vice-président de la Société d'Horticulture d'Ille-et-Vilaine, rue de Paris, 8, à Rennes.

DESHAYES [H.], à Mesnil-Mauger [Calvados].

DESVÉ, propriétaire, rue Saint-Maur, 25, à Rouen.

DROUADAINE, docteur-médecin, rue Toulouse, à Rennes.

DULEVAGE [A.], membre de la Société d'Horticulture, à Caen.

DUPONT père, propriétaire à Alençon.

MM. Esnault [Charles], négociant, rue Saint-Sauveur, 3, à Caen.

Estaintot [comte d'], vice-président de la Société d'Horticulture de la Seine-Inférieure, à Rouen.

Fontaine, vice-président de la Société d'Horticulture de Caen.

Formigny de la Londe [A. de], vice-secrétaire de la Société d'Agriculture, à Caen.

Godefroy père, docteur-médecin, Champ-Jauquet, 15, à Rennes.

Guenétain [le comte de], au château de la Molière, commune de Saint-Sénoux, ou rue des Dames, à Rennes.

Guernon-Ranville [comte de], à Ranville, près Caen.

Haudrechy fils aîné, horticulteur-pépiniériste, rue de Baunay, commune de Boisguillaume, près Rouen.

Hellouin [V.], maire de Néville, canton de Saint-Valery-en-Caux [Seine-Inférieure].

Holzmann [Edmond], membre de la Société d'Horticulture, à Caen.

Huchet de Cintré [le baron Alphonse], rue de la Monnaie, 22, à Rennes.

Huet, ancien notaire, rue Campulley, 12, à Rouen.

Jouanne [A.], inspecteur d'Assurances, à Boisguillaume, près Rouen.

Josse, propriétaire et membre de la Société d'Horticulture, rue de Fougères, 20, à Rennes.

Labbé, pharmacien et membre de la Société d'Agriculture de Falaise, à Falaise.

Laisné [A.-M.], président du Cercle horticole d'Avranches.

Lecot [Ch.], propriétaire à Caen.

Lepetit, curé de Tilly-sur-Seulles.

Leprou, secrétaire de la Société d'Horticulture de la Seine-Inférieure, à Rouen.

3

MM. LEROY-PERQUER [Emmanuel], propriétaire, rue de Fleurus, 25, à Paris.

LONDE DU THIL [DE LA], président de la Société d'Agriculture de l'arrondissement du Havre, à Tocqueville-Benarville [Seine-Inférieure].

MALHERBE [F.], horticulteur à Bayeux.

MARTENÉ DE SAINT-PATERNE [comte DE], membre des Sociétés d'Agriculture et d'Horticulture de Caen, rue Leroy, à Caen.

MARTIN [A.], propriétaire à Ville-Neuve-en-Plélan [Ille-et-Vilaine].

MARTIN [P.], rue Saint-Germain, 1, à Rennes.

MAUDUIT [Ferdinand], pépiniériste à Boisguillaume, près Rouen.

MAURY [DE], commune d'Ommel, canton d'Exme [Orne].

MICHELIN, inspecteur des contributions indirectes, rue du 29 Juillet, à Paris.

MORIÈRE [J.], professeur à la Faculté des Sciences de Caen.

NICOLLE père, propriétaire, rue du Vert-Buisson, 2, à Rouen.

OUIN, membre de la Société d'Horticulture, rue du Nord, 1, à Rouen.

PAULMIER [Ch.], président de la Chambre de Commerce, à Caen.

PAYNEL [C.], à Mesnil-Mauger [Calvados].

PITON DU GAULT [A.], juge de paix, quai de Nemours, 19, à Rennes.

PONTALLIER, secrétaire de la Faculté de Droit, rue d'Isly, à Rennes.

REFUVEILLE, M.-P., rue de la Croix-de-Fer, 5, à Rouen.

REUZÉ, trésorier, de la Société d'Agriculture d'Ille-et-Vilaine, rue de Nemours, 10, à Rennes.

RIGAULT DE PRUDHOMME, membre de la Société d'Agriculture de Caen, rue Froulé, à Caen.

MM. Robinot de Saint-Cyr [A.], maire de Rennes, rue de la
  Monnaie, 14.

Sirodot, professeur de botanique et de zoologie à la Faculté
  des Sciences, rue Saint-Hélier, 76, à Rennes.

Tarot, président de la Société d'Horticulture d'Ille-et-Vilaine,
  rue de la Visitation, à Rennes.
Tarrouilly [le], président de la Chambre de Commerce, rue
  de Vincennes, à Rennes.
Thierry [G.], conservateur du Jardin botanique, à Caen.

Rouen. — Imprimerie de H. BOISSEL, rue de la Vicomté, 55.

CONGRÈS

POUR

L'ÉTUDE DES FRUITS A CIDRE.

3ᵉ SESSION

Tenue à Alençon du 26 au 30 Septembre 1866.

PROCÈS-VERBAUX DES SÉANCES (1).

EXPOSITION. — Le Congrès pour l'étude des fruits à cidre avait décidé, lors de la session de Rennes, en 1865, que la troisième session aurait lieu à Alençon, en 1866, sous les auspices de la Société d'Horticulture de l'Orne, chargée de réunir les matériaux de ses études. L'appel fait à cet effet aux propriétaires et aux instituteurs des départements producteurs a été entendu, et une masse énorme de fruits de pressoir, apportés non-seulement du département de l'Orne, mais de la Normandie et de la Bretagne, sont venus se joindre à la belle exposition de légumes et de fleurs qui s'étalait sous la vaste et magnifique coupole de la halle aux grains. 117 exposants, 5,517 échantillons de variétés de pommes et de poires, représentés

(1) Les notes prises en séances du Congrès ont été remises très tardivement au Conseil d'Administration et sans que la rédaction des procès-verbaux, à laquelle elles devaient servir, ait été faite par le secrétaire qui en était chargé ; on a, par suite, été obligé de publier ceux-ci sous une forme très abrégée et peut-être incomplète en quelques points.

4

1867
Ⓒ

par au moins 20,000 fruits, tel était l'effectif presque effrayant qu'offrait cette branche de l'exposition. Preuve éclatante de l'intérêt qui s'attache aux études des fruits à cidre, naguère encore beaucoup trop négligées, bien que l'on puisse évaluer à plus de 60 millions l'importance du commerce des fruits de pressoir dans les seuls départements de la Normandie, et qu'il augmente d'année en année, facilité qu'il est par l'ouverture des chemins de fer et des autres voies de communication.

ÉLECTION DES MEMBRES DU BUREAU. — Le dépouillement du scrutin ouvert pour l'élection des membres du Bureau, chargés de diriger les travaux de la session, a donné les résultats suivants : président, M. le baron Le Guay, président de la Société d'Horticulture de l'Orne ; vice-présidents, M. Roustel, président de la Société d'Horticulture de la Seine-Inférieure, et M. Belloc, vice-président de la Société d'Horticulture de l'Orne ; secrétaires, M. Thierry, conservateur du Jardin botanique de Caen, et M. de France, vice-secrétaire de la Société d'Horticulture de l'Orne.

ORDRE DES TRAVAUX. — Le Congrès ainsi constitué décide que, pour hâter ses travaux, il tiendra chaque jour plusieurs séances, c'est à savoir : une ou deux séances durant la journée, dans le local même de l'exposition, pour l'étude et la description des fruits, puis, dans l'une des salles de l'Hôtel-de-Ville, mise à sa disposition par M. le Maire, une séance chaque soir destinée à l'examen des diverses questions générales posées par le programme de la session.

MEMBRES DÉLÉGUÉS. — — Ont pris part aux travaux du Congrès, indépendamment de divers membres de la Société d'Horticulture d'Alençon : MM. Michelin, délégué de la Société centrale d'Horticulture de France ; Roustel, de Boutteville, Haudrechy fils et Damour, de la Société d'Horticulture de la Seine-Inférieure ; Thierry, délégué de la Société d'Horticulture de Caen ; Delaunay, délégué de la Société d'Horticulture de Rennes ; Manceaux, délégué de la Société d'Horticulture du Mans.

M. Elie fils, président et délégué de la Société d'Horticulture de Saint-Lô, retenu pour les travaux du Conseil d'arrondissement et par l'enquête agricole à laquelle il doit prendre part, écrit pour s'excuser de ne pas assister aux réunions du Congrès.

COMPTES DU TRÉSORIER. — M. Haudrechy fils, trésorier du Congrès, donne lecture de l'état des recettes et dépenses. Ce compte, déjà vérifié par le Conseil d'administration dans sa séance du 22 septembre 1866, et reconnu exact, est approuvé, et décharge en est donnée à M. le Trésorier.

SÉANCES DU SOIR. — Dans la première de ces séances, M. le Président dépose sur le bureau divers documents adressés à l'Association :

1° Une brochure de M. Mimard, chimiste et viticulteur à Villeneuve-sur-Yonne, sur le système rationnel de cuvage des vins et autres liqueurs fermentescibles, dont il est l'inventeur ;

Les numéros 69 et 70 du Bulletin trimestriel de la Société d'Agriculture de Joigny, contenant un compte-rendu des résultats obtenus par l'appareil Mimard ;

Enfin, une lettre de cet inventeur, indiquant la manière de procéder dans l'application de son appareil à la fermentation du cidre ;

2° Une lettre de M. Brassart, ancien notaire à Saint-Pol (Pas-de-Calais), contenant quelques réponses aux questions posées par le Congrès ;

3° Une note manuscrite de M. Massé, horticulteur à la Ferté-Macé (Orne), sur le même sujet.

M. le Président fait donner lecture des trois pièces manuscrites qui viennent d'être indiquées, et adresse, au nom du Congrès, de bien vifs remercîments aux auteurs de ces intéressantes communications.

Le Congrès s'occupe ensuite de l'examen des questions indiquées par le programme de la Session.

4. *Doit-on pour les semis employer des pépins de choix ? — Quelle est l'espèce de pommes qui fournit les meilleurs pépins ?*

Après une discussion longue et animée, on arrive à cette conclusion que toutes les analogies tirées des faits observés dans la pratique de l'agriculture et de l'horticulture, aussi bien que les déductions que l'on peut tirer des principes de la physiologie végétale, indiquent qu'il est nécessaire de choisir soigneusement les semences les mieux conformées et celles qui proviennent des variétés les plus saines et les plus vigoureuses.

On ne peut malheureusement signaler présentement beaucoup de faits précis et probants à l'appui de cette recommandation, parce que généralement les semis sont opérés avec des pépins pris au hasard. On peut cependant citer un semis fait dans la Seine-Inférieure avec des pépins extraits des pommes de *Belle-Fille*, lequel a fourni une collection de plants d'une grande vigueur.

Dans une lettre adressée au Congrès par M. Hellouin de Néville (Seine-Inférieure), et communiquée à l'association, dans la session de Rennes, ce praticien, qui s'occupe avec beaucoup de soin de la culture des pommiers et de la fabrication du cidre, indique qu'il a semé des pépins de *Fresquin*, qui ont produit de très beaux baliveaux.

Il est bien entendu d'ailleurs que, si l'on n'avait pas uniquement en vue l'obtention d'égrains destinés à être greffés, mais surtout celle de variétés nouvelles de bonne qualité, les semences devraient être empruntées aux variétés non-seulement saines et vigoureuses, mais encore les meilleures. On accroîtrait par là les chances de réussite.

5. *Quelle est la meilleure méthode pour la création des pépinières?*

6. *Quels sont les soins à prendre pour la plantation des arbres fruitiers, dans les champs et dans les vergers? Quels soins de culture leur donner?*

Ces deux questions sont trop complexes pour qu'elles puissent être traitées avec tous les développements qu'elles comportent, dans les séances du Congrès. On peut seulement conseiller à propos de la dernière, la taille raisonnée des arbres, et l'essai du marc de pommes comme engrais spécial du pommier, soit réduit en cendres, soit mélangé avec de la chaux ou d'autres matières susceptibles d'être combinées avec lui. — (Consulter le *Cours élémentaire d'Arboriculture* de M. A. Dubreuil, et le Mémoire publié, il y a quelques années, par M. Girardin, sur l'emploi du marc de pommes.)

7. *Quel est le meilleur mode de fabrication du cidre?*

M. le Président rappelle à cette occasion le travail envoyé par M. Mimard et il engage les propriétaires et cultivateurs à faire l'essai

du système de cuvage proposé par cet inventeur auquel il a valu
déjà plusieurs médailles honorifiques de la part de Sociétés d'agriculture établies dans les pays viticoles. — Les expériences seraient
d'ailleurs peu coûteuses, puisque le prix de l'appareil Mimard n'est
que de 70 fr , et qu'on peut l'appliquer aux cuves ordinaires. (Voir
plus loin un extrait de la lettre de M Mimard.)

M. Belloc pense que le mode actuel de fabrication du cidre présente de graves inconvénients, une partie des principes constitutifs
du bon cidre étant perdue pendant l'opération, mais il croit que l'on
ne peut indiquer un mode de fabrication absolument parfait. Les
membres présents pensent également que, dans l'état actuel de nos
connaissances sur ce point, on ne saurait que répéter quelques conseils que l'on peut trouver dans plusieurs ouvrages spéciaux.

8. *Existe-t-il des variétés de pommes reconnues pour produire,*
brassées seules et sans aucun mélange, du cidre de bonne qualité
et de longue conservation ?

Cette question est résolue affirmativement et plusieurs membres
du Congrès citent comme pouvant être employées seules à la fabri-
cation du cidre, les variétés ci-après :
Canton de Vimoutiers (Orne). — Girard , Petite-Sorte, Moulin-à-
Vent, Longue-Queue (*Syn* Queue de Renard), Renouvellet, Moulin-
à-Vent de Vimoutiers, Or-Milcent.
Canton de Semallé (Orne). — Pomme de Chenay.
Seine-Inférieure. — Blanc-Mollet (Girard du Calvados), Damassé
(*syn.* P. de Chataigne).
Calvados. — Muscadet.

9. *Lorsque l'on opère des mélanges. quels principes doivent guider*
dans le choix des fruits qui y entrent ?

Le Congrès reconnaît d'une manière générale l'utilité des mélanges, mais il ne croit pas qu'on soit aujourd'hui en état de préciser
les variétés qui doivent y entrer et les proportions de chacune d'elles.
(Consulter sur les qualités que doivent avoir les fruits à cidres les
procès-verbaux de la session de Rennes, pages 8 et 12.)

10. *Y-a-t-il des précautions particulières à prendre pour obtenir de bon poiré et quelles qualités du fruit annoncent que celui-ci pourra fournir une boisson de bonne qualité, soit comme poiré, soit comme eau-de-vie?*

Cette question reste à l'étude.

11. *Quelle est la quantité de pommes employées pour la fabrication d'un hectolitre de cidre dans nos différents départements ?*

Les renseignements fournis sur cette question pour le département de la Seine-Inférieure indiquent une quantité de 5 hectolitres de pommes pour obtenir un hectolitre de cidre pur. — M. le Dr Belloc se charge de constater la quantité que l'on doit employer dans l'Orne et M. Thierry se charge de cette même vérification pour ce qui concerne le département du Calvados.

12. *Quel est dans le département de l'Orne et dans les départements voisins le temps durant lequel le cidre conserve ses qualités ?*

On s'accorde à reconnaître que généralement le cidre conserve ses qualités pendant environ deux ans dans l'Orne, la Seine-Inférieure et le Calvados.

13. *Quelle influence l'état des celliers et la capacité des tonneaux exercent-ils sur la qualité et la conservation du cidre ?*

Il est nécessaire que les boissons fermentées soient placées dans des locaux qui puissent être soustraits aux influences atmosphériques, que la température en soit peu élevée et y varie aussi peu que possible.

Pour la construction de ces bâtiments, on conseille l'emploi de la brique ou de la terre dite bauge dans quelques départements, ces matériaux étant mauvais conducteurs de la chaleur.

La contenance des fûts doit être la plus considérable que possible; l'expérience a démontré que plus ils sont grands, mieux et plus longtemps les liquides qu'ils renferment se conservent. La grandeur des fûts est une cause qui s'oppose efficacement à la variation de la température des liquides.

14. *Quelles sont dans chaque contrée les causes habituelles ou accidentelles de stérilité totale ou partielle des arbres à fruits de pressoir ?*

On doit citer en première ligne les influences atmosphériques et
les insectes destructeurs, contre lesquels l'homme est impuissant.

Renouvellement partiel des membres du Conseil
d'administration.

D'après l'art. 5 des statuts du Congrès, les membres du Conseil
d'administration nommés pour trois ans doivent être renouvelés par
tiers chaque année. En conséquence, il est procédé au tirage au
sort des noms des membres sortants, dans cette première année de
renouvellement, et au remplacement de MM. Delfaut et Lainé, dé-
missionnaires, que leurs occupations et leur éloignement de Rouen,
empêchent d'assister aux séances du Conseil. — Les membres dési-
gnés par le sort sont : MM. De la Londe du Thil, Bertrand, de
Bonnechose, Dupont père, et Piton du Gault.

L'élection faite par bulletins secrets donne les résultats suivants :
MM. De la Londe du Thil ; de Bonnechose ; Dupont père ; Piton
du Gault ; Réfuveille ; baron Léon Le Guay ; Thierry.

M. le Président proclame ces messieurs membres du Conseil d'administration du Congrès pour trois années.

APPENDICE.

Le Conseil d'administration du Congrès croit devoir faire une chose
utile en publiant ce que les mémoires qui ont été envoyés à l'association offrent de plus intéressant ou de plus nouveau. Il désire que
ce soit un motif de plus pour de nouvelles communications, lesquelles
seront toujours accueillies avec empressement et reconnaissance.

I. — Extrait d'une lettre de M. J.-A. Mimard, de Villeneuve-sur-Yonne, sur le cuvage du cidre.

.... Dix années de recherches m'ont amené à créer le système rationnel du cuvage des vins, des cidres et du jus de betteraves.......

Mais il ne suffit point qu'une méthode soit sûre d'elle-même, excellente dans ses résultats, il faut encore que la matière sur laquelle elle agit soit dans de bonnes conditions de succès. Un fruit qui n'est point à l'état de maturité désirée ne peut donner qu'une liqueur facilement altérable. Si sa pulpe a été obtenue par l'action d'un instrument en pierre ou en fer, une partie de ses principes constituants aura passé par une combinaison nouvelle qui apportera le désordre dans le travail de la nature. Donc la pulpe doit sortir du fruit sous la puissance comprimante de deux cylindres cannelés faits de bois dur, de cormier surtout. Donc et d'abord la cueillette des fruits doit se faire en temps opportun, et quand ces fruits ne laissent rien à désirer, autant que la saison le permet, sous le rapport de la maturité. Ils doivent être rapidement réduits en pulpe pour éviter la fermentation qui se développe en pure perte dans les parties contusionnées par leur chute, et cette pulpe doit aussi être rapidement soumise à la presse afin de la garantir contre l'action de l'air. Le jus sucré ainsi préparé contient tous les acides malique, tartrique, pectique et tannique que l'analyse eût trouvés dans les fruits; et la température qui se développera pendant la fermentation, favorisera, par les acides malique et tartrique, la saccharification de la matière amylacée qui troublera le liquide. Cette température sera d'autant plus élevée et conséquemment plus active que le vase sera dans les conditions de réussite qui vont être décrites.

Pendant la fermentation d'un liquide sucré, il se dégage une proportion de gaz carbonique en rapport avec la quantité de matière sucrée. La température que produit le travail de la fermentation met en vapeur une fraction importante de l'alcool formé; et, si la liqueur contient en dissolution une huile volatile qui doit lui donner du bouquet, la vapeur alcoolique entraînera la partie la plus notable de cette huile. Il y a donc production de vapeur alcoolique et aromatique au préjudice de la liqueur fermentée et, en conséquence, affaiblissement de cette liqueur. Ce n'est pas tout : quand la fermentation est terminée, et cette fermentation dure toujours trop longtemps par les procédés en usage, l'air rentre dans le vase, le liquide en éprouve le contact et il y a bientôt transformation d'une partie de l'alcool en acide acétique. Le liquide possède alors dans son sein une cause permanente et indestructible d'altération, qui ira toujours croissant

Pour éviter ces malencontreux effets et pour conserver à la liqueur toute sa force alcoolique et son arome, j'opère en mettant en pratique la logique de la science : Je remplis de jus de pommes ou de poires, par exemple, un foudre aux 4/5 de sa capacité, puis j'applique sur ce foudre parfaitement clos l'appareil de condensation que j'ai imaginé et qui se compose d'un serpentin horizontal renfermé dans une boîte métallique que je remplis d'eau froide. Ce serpentin communique avec le foudre, d'un côté, par un tube de prise de vapeurs dont l'orifice s'arrête sous la paroi du vase à fermentation, et, de l'autre côté, par un tube de retour qui plonge dans le sein du liquide en traversant l'épaisseur de la douve qui forme voûte sur le liquide ; et encore près du tube de retour, j'établis le tube d'air. Bientôt la fermentation commence avec une température bien plus élevée que dans les méthodes connues Le gaz acide carbonique se dégage et s'échappe avec les vapeurs alcoolique et aromatique, et ce mélange de gaz et de vapeurs prend et suit la direction du tube de prise de vapeurs et de là passe dans le serpentin où s'opère la condensation de ces vapeurs et la séparation du gaz, qui s'échappe libre et pur par la tubulure placée ou plutôt ouverte près du tube de retour qui ramène dans le vase toute la condensation au fur et à mesure qu'elle se produit.

Le tube d'air a fourni au liquide, aussi longtemps qu'il en a eu besoin, toute la quantité de ce fluide indispensable pour que le travail de la fermentation fût en pleine activité. A cette époque, la couche de gaz plus lourde que l'air s'est élevée dans le tube d'air jusqu'au niveau de l'appareil dont la tubulure d'échappement de ce gaz est en contre-bas de l'orifice supérieur du tube d'air, et l'air a cessé de pénétrer dans le vase.

Dès qu'une allumette enflammée continue de brûler sous la tubulure d'échappement de gaz, la fermentation est complète, et de suite je ferme cette tubulure et le tube d'air avec un bouchon de liége et je laisse le liquide fermenté en repos pour le tirer au bout de quelques jours, c'est-à-dire. quand il est refroidi. Le cidre ainsi fabriqué a des qualités incomparables avec le même cidre préparé par le procédé en usage. Il est clair, il est vif, et possède un arome agréable. La fermentation n'a duré que peu de jours ; je ne dois pas oublier de dire que je lute tous les points de jonction de l'appareil et des tubes avec des bandes de linge enduites de pâte de farine.

Tel est le système rationnel de cuvage des vins et des cidres, qui m'a valu au concours régional d'Auxerrre, cette année, pour le premier prix, une grande médaille d'or.

Dans les contrées où l'on fait fermenter le jus avec la pulpe des fruits dans une cuve, on doit appliquer le système tel qu'il est décrit dans ma notice pour le cuvage des vins et se conformer entièrement aux prescriptions indiquées.

J'aborde maintenant la question des eaux-de-vie de cidre. Cette eau-de-vie peut s'obtenir directement de la distillation des cidres dans les années d'abondance. Mais, quand il y a disette de fruits et même quand la récolte est très-riche, on peut obtenir cette eau-de-vie de la pulpe pressée. A cet effet, on fait macérer rapidement le marc avec un hectolitre d'eau pour deux hectolitres de marc pressé, on tire la première eau au bout de 6 à 8 heures et on la remplace par une quantité égale de nouvelle eau qu'on laisse en contact avec le marc pendant encore 6 à 8 heures. On soumet ce marc à la presse, et on fait macérer du marc nouveau avec cette seconde eau. .

Tous les liquides premiers, c'est-à-dire bien saturés, sont versés dans un foudre pour leur transformation en liquide alcoolique par la fermentation au moyen de l'appareil de condensation et, la fermentation achevée, on les distille pour obtenir une eau-de-vie aussi bonne que celle du cidre même.

Cette eau-de-vie a l'avantage de ne pas sentir le goût de pépin, goût qui est toujours empyreumatique. Elle est de beaucoup supérieure aux eaux-de-vie du commerce qui ne sont en général que de l'alcool coupé avec de l'eau. Elle est naturelle et ne peut être nuisible à la santé ; et âgée de quelques années, elle plaît et peut devenir d'un usage fréquent dans toutes les contrées du nord.

II. — Extrait d'une lettre de M. Brassart, sur la fabrication du cidre.

Voici quelques recommandations succinctes :

N'employer que des pommes mûres et au moins un tiers de pommes amères, car les pommes amères sont au cidre ce que le houblon est à la bière ; rejeter les pommes pourries.

Ne se servir que d'eau pure et limpide, 10 litres par hectolitre de pommes moulues.

Eviter que la pulpe entre en fermentation avant le pressurage, qui doit se faire vingt-quatre heures après l'écrasement des pommes.

Se servir de tonneaux bien sains, et ne laisser pénétrer dans le pressoir que des personnes bien saines.

Pour avoir une bonne fermentation, il faut une température de 10 à 15 degrés et que le cidre du premier pressurage ait 6 à 8 degrés au moins à l'aréomètre *Beaumé*. Celui du deuxième pressurage ne devra pas être inférieur à 3 degrés.

Si le cidre n'a pas les degrés sus-indiqués, il faut y ajouter de la cassonade ou autre matière sucrée.

Aussitôt après la fermentation, il faut boucher le tonneau et soutirer le cidre le plus tôt possible

Le soutirage est indispensable à la bonne conservation du cidre. Dans plusieurs contrées, on ne soutire que les cidres troubles et ceux qu'on doit exporter, sous le prétexte que cette opération enlève de la force au cidre. C'est là une grave et presque générale erreur, car les procédés de fabrication et de conservation du vin et du cidre sont analogues, et les vignerons se gardent bien de laisser le vin sur la lie qui le fait tourner et le rend acide. Pourquoi en serait-il autrement du cidre? L'expérience que nous en avons faite nous engage à conseiller les soutirages, que nous ne saurions trop recommander ; les Anglais, qui font d'excellents cidres, les soutirent plusieurs fois.

Les pommes amères, qu'il ne faut pas confondre avec les pommes acides, dites *sûres*, produisent le meilleur cidre et d'une longue conservation, soit seules, soit en mélange avec des douces.

Le mélange, quand on le fait, de pommes amères avec des douces se fait dans la proportion d'un tiers à la moitié généralement, mais il n'y aurait aucun inconvénient d'augmenter cette proportion de pommes amères.

Les précautions à prendre pour faire de bon poiré sont les mêmes que celles indiquées pour faire de bon cidre

Trois hectolitres de pommes avec les additions d'eau indiquées ci-dessus donnent au premier pressurage un hectolitre de *gros cidre*, et plus dans les bonnes années. Au deuxième pressurage avec 20 à 25 litres d'eau pure, ils en donnent autant de *petit cidre*, soit un total de 200 litres de *cidre moyen* ou 66 litres par hectolitre moyen.

Ce produit peut être augmenté avec de bons pressoirs, système *Révillon*.

III. — Extrait d'un Mémoire de M. Massé sur plusieurs des questions contenues dans le programme du Congrès.

Doit-on pour les semis employer des pépins de choix ? Quelle est l'espèce de pommes qui fournit les meilleurs pépins ?

Il est toujours préférable d'employer pour les semis des pépins de choix, provenant des meilleures espèces de fruits doux ou amers. Toutes les variétés reproduites de semences sont bien supérieures pour la vigueur des sujets, la rusticité des fleurs au printemps et l'abondance dans la fructification. En effet, ne voit-on pas les fleurs des anciennes espèces reproduites et cultivées depuis très longtemps, sujettes à la *coulure*, et les arbres qui les donnent ne paraissent-ils pas épuisés et en voie de dégénérescence ? S'il faut s'en rapporter aux anciens et même aux souvenirs de notre enfance, il est certain que les années d'abondance de pommes et de poires étaient bien plus rapprochées qu'elles ne le sont aujourd'hui. Il restait souvent beaucoup de pommes et de poires sur le sol et que les cultivateurs ne ramassaient pas. On en donnait aux pourceaux de grandes quantités.

Cependant, on plante bien plus qu'autrefois et les récoltes sont moindres. Un arbre non greffé sera toujours plus vigoureux que celui qui l'a été, et on devrait pratiquer cette opération seulement pour les sujets épineux ou donnant des fruits acidulés. Si le

choix des pépins était strictement fait, il ne pourrait donner (à quelques exceptions près), que des sujets robustes, pleins de vigueur et
qu'il deviendrait inutile de greffer, puisqu'on est à peu près certain de retrouver des fruits semblables à ceux qui ont donné les
semences. C'est ce que l'on voit fréquemment dans les pépinières
où on ne greffe pas. Dès la neuvième ou dixième année, beaucoup
de sujets commencent à fructifier. Il serait même à désirer de voir
prendre des pépins de ces jeunes arbres, régénérés au moyen des
semis, afin de continuer ceux-ci pour obtenir des sujets plus vigoureux encore. Comme ce sont les semis qui aident le plus à la perfection des espèces (on pourrait même dire en entier), et qu'il en sort
fréquemment de meilleures que celles qui ont fourni les graines,
il est utile d'attendre leur fructification avant de les greffer, parce
qu'il peut arriver qu'on implante, et les cas en sont très nombreux,
une espèce plus mauvaise que le sujet lui-même. Si l'engoûment de
la greffe en pépinière et même dans les vergers avant la fructification diminuait un peu, on verrait surgir de bonnes variétés
nouvelles qui, certes, dépasseraient de beaucoup les anciennes en
grosseur, qualité, et surtout en fertilité. Nous avons observé bien
des fois des arbres plantés en ceinture dans les champs, qui, greffés,
sont souvent frappés de stérilité, tandis que leurs voisins francs
donnaient beaucoup de fruits chaque année.

Il est bon de prendre les pépins dans les sortes suivantes : *Albi*,
Douveret, Doux-Griset, Gros-Cul, Moque-Friant, Fresquin.

Quel est le meilleur mode de fabrication du cidre ?

Chaque contrée fabrique le cidre, à quelques exceptions près, de
la même manière. A la Ferté-Macé et dans les communes circonvoi-
sines, on écrase les pommes dans la journée, puis on monte la motte
au fur et à mesure, en faisant des couches de marc ou pommes
écrasées, d'une épaisseur de 15 centimètres et séparées entre elles
par un lit de paille de seigle choisie. On met le fût le lendemain et
on presse. Quant le jus est tiré, on démonte la motte, en ayant soin
d'enlever la paille, puis on ajoute une certaine quantité d'eau au
marc, on fait passer la meule dessus, en le laissant macérer quelques heures, puis on monte la motte comme la première fois, et on
tire le jus lentement. Une motte de 50 hectolitres demande près de

quatre jours pour que le jus se tire convenablement. Tout le jus sortant de la première motte est mis dans un tonneau qu'il remplit presque aux trois quarts ; on finit de remplir avec le jus de la deuxième motte : c'est le *maitre cidre ;* le reste du jus est placé dans un autre fût et donne de la *boisson* Le premier fût est vendu par les cultivateurs au commerce et l'autre est consommé chez les cultivateurs pour leur usage. Pour activer la fermentation des cidres et les clarifier plus promptement , beaucoup de personnes , au moment de leur fabrication, y ajoutent des poires. Ainsi, sur 50 hecto-litres de pommes, elles font entrer 4, 5 ou 6 hectolitres de poires. Presque toutes les pommes que les vents font tomber et quelques variétés hâtives sont mêlées avec des poires : elles fournissent une boisson nommée *albi.*

Dans ma localité, les cultivateurs ne font pas le choix des espèces pour les brasser séparément : à la cueillette , toutes sont réunies par tas, rentrées sous des hangars ou même restées dans les champs. On va les chercher au moment où on veut fabriquer le cidre, travail qui se fait, quand il ne gèle pas, depuis le 15 octobre au commence-ment de février pour les pommes, et du 1er septembre au 15 no-vembre pour les poires.

Existe-t-il des variétés de pommes reconnues pour produire, brassées seules et sans aucun mélange, du cidre de bonne qualité et de longue conservation ?

Quelques espèces fournissent de bon cidre , se conservant bien trois ou quatre années. Ce sont : le *Gros-Cul,* le *Petit-doux Véret,* le *Fresquin,* la *Pomme-de-Fer.* — Les variétés hâtives ou de pre-mière saison donnent une boisson qui doit être consommée dans le printemps et l'été suivant ; il est rare qu'elle se conserve plus d'une année.

Influence du sol. — C'est le sol qui exerce toute l'influence dans la qualité des cidres , soit comme force, soit comme douceur. Ceux de la vallée d'Auge et des environs sont très alcooliques et se con-servent souvent jusqu'à six années : ils font de très bonnes eaux-de-vie. Ceux de Sevray, Rânes, Joue-du-Plain , Lougé , Vieux-Pont et contrées voisines, sans être aussi alcooliques que les précédents , sont plus agréables au goût : ils peuvent se conserver quatre ou cinq années. Ceux de la Ferté-Macé, Magni-le-Désert, la Sauvagère, les Andaines, etc., doivent être consommés la première année. Ils sont assez agréables en hiver et au printemps ; mais quand arrivent les chaleurs de l'été, ces cidres tournent à l'aigre ou deviennent filants : ils sont peu alcooliques. — Les mêmes variétés de pommes récoltées dans les localités citées plus haut donnent toutes, suivant ces dites localités, des cidres bien différents les uns des autres. C'est donc le sol qui seul agit sur leur plus ou moins bonne qualité, de sorte qu'une espèce bonne, même *extra* à Lougé, sera médiocre à la Ferté-Macé. On en voit constamment les exemples les plus frappants dans deux pièces de terre se touchant, lesquelles donnent deux cidres bien différents, quoique plantées des mêmes espèces de pommiers et de poiriers. Il n'existe pas de communes où tous les cidres soient parfaits : il y en a de très bons, de passables et de médiocres. C'est donc le sol qui exerce toute son influence sur leurs qualités et sur leur conservation.

Lorsque l'on opère des mélanges, quels principes doivent guider dans le choix des fruits qui y entrent ?

Les cultivateurs de nos contrées s'occupent peu des mélanges à faire, c'est-à-dire qu'ils n'y font point entrer telle quantité d'une espèce et telle quantité d'une autre sorte. Ils récoltent pêle-mêle toutes les sortes cultivées et les brassent quand les hâtives sont déjà blettes ou même pourries. Les variétés tardives donnent, disent-ils, plus de force au cidre produit par les variétés hâtives. Un mélange raisonné serait de mettre moitié pommes douces et moitié d'amères, ou les deux tiers de celles-ci et le tiers seulement de celles-là.

Y a-t-il des précautions particulières à prendre pour obtenir de bon poiré et quelles qualités du fruit annoncent que celui-ci pourra fournir une boisson de bonne qualité, soit comme poiré, soit comme eau-de-vie ?

Il faut prendre les fruits au moment même de leur maturité, c'est-à-dire ne les avancer ni les retarder. Ces précautions sont nécessaires pour obtenir de bon poiré, contenant par conséquent plus d'alcool. Ce dernier varie suivant les sols et les espèces. Ainsi les poirés de Rânes et de Lougé sont plus alcooliques que ceux de la Ferté-Macé , Magni - le - Désert et Couterne , mais aussi moins agréables. Le Ragnet fournit beaucoup d'alcool, le Longué en donne bien moins et son poiré est blanc , tandis que celui de Gaubent est roux et moins âcre au goût. Les poirés de la Ferté-Macé, faits avec un mélange de toutes sortes de poires récoltées dans un terrain sableux et argileux, donnent environ 13 litres d'alcool par hecto-litre.

Quelle est la quantité de pommes employées pour la fabrication d'un hectolitre de cidre dans nos différents départements ?

L'hectolitre de pommes donne 32 à 34 litres de jus : il entre ordi-nairement 2 hectolitres 50 litres de pommes pour 1 hectolitre de cidre. — L'hectolitre de poires donne 40 litres de jus : il faut 2 hectolitres et quelques litres de poires pour 1 hectolitre de poiré . Les cultivateurs mettent presque toujours un sixième d'eau en fa-bricant les cidres et poirés de première qualité qui sont livrés au commerce. Les cidres appelés boissons sont fabriqués avec *au moins* moitié d'eau. Les fûts généralement employés dans nos localités contiennent en moyenne de 1,200 à 1,300 litres et sont appelés tonneaux. On met 50 hectolitres de pommes pour faire deux tonneaux de cidre , dont le premier est appelé *maître cidre* et l'autre *boisson.*

Falsifications. — Nous ferons connaître ici que depuis une quin-zaine d'années , alors qu'il y a assez souvent disette de pommes dans certaines contrées et que la consommation des cidres est devenue plus grande , là falsification de ces derniers se fait dans certaines localités. Beaucoup d'acheteurs croyant avoir des cidres purs, exempts de tous corps étrangers, n'en sont pas moins trom-pés. Le poiré est surtout mêlé au cidre , et pour dissimuler autant que possible sa présence , les falsificateurs y ajoutent du glucose dans d'assez fortes proportions, c'est ce qu'ils appellent l'*adoucir*; de la cochenille ou du caramel pour le colorer; du buis et de la noix vomique (?) pour lui donner l'amertume convenable , et de l'eau en proportion. Je me suis laissé dire par des garçons de ferme qui ont travaillé à la falsification des cidres qu'avec deux tonneaux de ceux-ci , de première qualité , et un tonneau de poiré également de première qualité, il est facile d'en faire cinq ou six en employant les matières précédentes et autres que nous ne connaissons pas.

Quel est dans le département de l'Orne et dans les départements voisins le temps durant lequel le cidre conserve ses qualités ?

Les contrées du département de l'Orne où les cidres se conservent le plus long-temps et que nous connaissons, sont celles de Rânes, Lougé, Saint-Brice, Vieux-Pont, Ecouché, Trun, Vimoutiers et toute la vallée d'Auge. Pour la Ferté-Macé, Couterne, Flers, Mayence, etc., ils peuvent se conserver cinq à six ans, suivant la quantité d'eau qu'ils renferment, et plus s'il n'y entrait pas d'eau.

Quelle influence l'état des celliers et la capacité des tonneaux exercent-ils sur la qualité et sur la conservation du cidre ?

Plus le fût est grand, mieux le cidre se conserve. Mais le commerce a adopté des fûts transportables. Ceux ordinairement employés sont des tonneaux de 12 à 13 hectolitres. Dans notre contrée, on ne tire pas le cidre au clair, on le laisse sur sa lie, les cultivateurs prétendant qu'il se conserve mieux. Il est d'autres contrées où on le tire au clair aussitôt la fermentation passée et il se conserve très bien. Un cellier se place de préférence au nord; il doit recevoir de l'air de ce côté et au couchant ou au levant. L'exposition au midi est contraire à la bonne conservation des cidres. Le cellier doit être établi au rez-de-chaussée pour la plus grande facilité dans le chargement des tonneaux et pour la commodité des fermiers et des cultivateurs, tandis que les consommateurs conservent aussi très bien leurs cidres dans des caves sous terre. Seulement, les fûts s'y détériorent plus promptement. Il faut préserver le cidre contre les fortes gelées, qui lui sont nuisibles pour ses qualités.

Quelles sont dans chaque contrée les causes habituelles ou accidentelles de stérilité totale ou partielle des arbres à fruits de pressoir ?

Il y a plusieurs causes : les gelées tardives du mois de mai, alors que les poiriers sont en fleurs, détruisent facilement ces dernières,

5

surtout dans les vallées, près des bois et des cours d'eau. Cette année, dans certaines contrées, le thermomètre est descendu jusqu'à 4 degrés centigrades au-dessous de zéro : aussi il n'y a pas de poires, quoique la fleuraison ait été superbe. La grêle au printemps détruit encore les jeunes poires à l'état de nouage ; elle les macule de taches noires qui les font tomber ; mais l'insecte le plus funeste au poirier, c'est la Tipule, sorte de petit papillon qui pique les poires et autres fruits pour y déposer une larve, qui bientôt devient un ver rongeur. Quand les printemps sont favorables au développement de cet insecte, il cause de grands ravages. Les chenilles aussi dévorent les feuilles et les fleurs des pommiers au point quelquefois de les en dépouiller totalement. Peu d'heures suffisent pour faire éclore leurs œufs, et c'est ainsi qu'une contrée en est totalement couverte dans une seule journée. Les cultivateurs disent que c'est le *mauvais air* qui brûle les fleurs des pommiers, et ils n'ont garde de pratiquer l'échenillage, travail cependant très utile à faire. Il faut dire aussi que la destruction des petits oiseaux se faisant plus que jamais dans nos contrées, les insectes y pullulent à l'envi ; certaines espèces d'oiseaux tendent à disparaître, et ce sont justement des insectivores actifs. Il serait à désirer que des ouvrages sérieux fussent écrits sur l'entomologie et mis gratuitement à la disposition des cultivateurs, et qu'on les fît étudier, copier, analyser par les jeunes enfants. C'est aux instituteurs communaux qu'il appartient de bien renseigner les enfants confiés à leurs soins sur les animaux utiles, que le vulgaire détruit à tout propos ; sur les insectes nuisibles dont il faut attaquer vigoureusement les générations qui ravagent nos terres et nos arbres.

La stérilité se produit encore chez beaucoup de sujets à cidre par l'épuisement des espèces cultivées depuis des siècles et qui, à force d'être tant multipliées dans un même sol et dans une même contrée sont certes en voie de dégénérescence et la preuve la plus convainquante, c'est que les anciennes espèces, c'est-à-dire les plus gros fruits, auxquels on s'est plus spécialement attaché à leur origine pour les multiplier, donnent peu ou point de nos jours. Il est à remarquer que ce sont les plus petites espèces, notamment obtenues par de nouveaux semis, qui sont actuellement les plus productives. De plus, les sujets tardifs reçoivent souvent des greffes hâtives : comment veut-on que la fleuraison en pareil cas s'opère convenable ment? Est-ce que les fleurs manquant d'une sève nécessaire peuvent nouer leurs fruits? Certainement non. C'est pourquoi beaucoup de sujets dont les sèves ne sont point harmonisées restent stériles.

Les arbres trop rapprochés dans les vergers sont fort souvent étiolés, l'air et la lumière pénétrant difficilement entre leur rameaux; ils restent frappés de stérilité. Nous croyons que si les arbres au lieu d'être si serrés entre eux étaient assez distancés pour que tous leurs rameaux jouissent de l'air et du soleil, la fructification en serait bien plus grande.

IV. — Renseignements sur les pommes à cidre les plus cultivées dans la commune de Croulles, canton de Vimoutiers, et sur leur rendement en alcool, par M. *

Le sol argilo-siliceux forme des côteaux et des vallons.

Girard. — Fruits de 1re saison. — Arbre à tête arrondie, de moyenne vigueur; floraison au commencement d'avril, — cidre coloré, très fort et de bonne qualité. — Le rendement en alcool de 24 dégrés est évalué du neuvième au dixième, selon que les années sont sèches ou pluvieuses.

Renouvelet. — 1re saison. — Arbre à tête arrondie, touffu, très fertile, de moyenne vigueur. — Floraison au commencement d'avril. — Cidre très délicat, coloré, même brassé seul. — Le rendement en alcool ne peut être évalué que du dixième au onzième.

Queue de Renard ou **Longue-Queue.** — 2e saison. — Arbre à tête arrondie, touffu, très fertile, très vigoureux. — Floraison du 15 au 20 juin. — Cidre très bon, de belle couleur blonde; peut être brassée seule. — Rendement en alcool, un dixième.

Petit Ameret. — 2e saison. — Arbre à tête arrondie, très touffu, très fertile, très vigoureux. — Floraison en mai. — Cidre très bon, coloré; peut être brassée seule. — Rendement en alcool, un dixième au moins.

Biscaie. — 2e saison. — Arbre à branches verticales, très fertile, vigoureux. — Floraison en mai. — Cidre agréable, sans couleur; variété excellente mélangée avec le Girard. — Rendement alcoolique, du dixième au onzième.

Petite Sorte. — 2e saison. — Arbre à tête arrondie, très touffu, très fertile, très vigoureux. — Floraison fin mars, commencement d'avril. — Très bon cidre, de belle couleur blonde ; peut être brassée seule. — Rendement alcoolique un dixième.

Or-Pollin. — 2e saison. — Arbre à tête arrondie, très touffu, très fertile, très vigoureux. — Floraison en mai. — Très bon cidre, de belle couleur blonde ; peut être brassée seule — Rendement alcoolique, un dixième.

Or-Milcent. — 3e saison. — Arbre à tête arrondie, touffu, très fertile, vigoureux. — Très bon cidre de belle couleur blonde ; peut se brasser seule. — Rendement alcoolique, un dixième au moins.

Espèce du Parc Dufour — 2e saison. — Arbre à tête arrondie, très touffu, très fertile, vigoureux. — Floraison en mai. — Bon cidre, belle couleur blonde ; peut se brasser seule. — Rendement alcoolique, un dixième.

Moulin à vent de Saint-Bazile — 2e saison. — Arbre à branches verticales, très élevées. — Floraison du 15 au 20 juin. — Cidre excellent, coloré ; peut se brasser seule. — Rendement alcoolique, un dixième au moins.

Moulin à vent de Vimoutiers. — 3e saison. — Arbre à tête arrondie, très touffu, très fertile, vigoureux. — Floraison en mai. — Cidre médiocre la première année, excellent la seconde ; peut se brasser seule. — Rendement alcoolique, la première année un douzième au plus ; la seconde année, un dixième au moins.

Bec d'âne ou **Bedan** ou **Bédane**. — 2e saison. — Arbre à tête arrondie, très touffu, très fertile, vigoureux. — Floraison en mai. — Bon cidre, couleur blonde un peu pâle. Mélange avec le moulin-à-vent de Vimoutiers. — Rendement alcoolique, un dixième.

Fréquin (petit). — 2e saison. — Arbre à tête arrondie, très touffu, très fertile, vigoureux. — Floraison en mai. — Bon cidre de couleur pâle, excellent mélangé avec le Girard. — Rendement alcoolique, un dixième.

Doux Véret (petit). — 2e saison. — Arbre à branches demi-verticales, fertile, assez vigoureux. — Floraison en mai. — Cidre excellent, coloré ; peut se brasser seule. — Rendement alcoolique, du dixième au onzième.

Doux Véret (gros). — 2e saison. — Arbre à branches horizontales, très allongées, peu garni de bois à l'intérieur, fertile, peu vigoureux. — Floraison en mai. — Cidre et rendement alcoolique comme
le Doux-Véret petit.

V. — **Renseignements sur les meilleures variétés de Poires de pressoir
cultivées dans la commune de Mantilly (Orne), par M. Signeux.**

Dépourvu de pommiers, Mantilly est en récompense planté de
bons poiriers, qui produisent des fruits que l'on divise en deux
parties : 1° les fruits à cidre ; 2° les fruits à eau-de-vie. On appelle
fruits à cidre les fruits capables de faire de bonne boisson, et l'on
appelle fruits à eau-de-vie les fruits propres à produire beaucoup
d'alcool.

FRUITS A CIDRE.

On distingue entre toutes les espèces de fruits à cidre : 1° le Plant
de blanc ; 2° le Gaubert ; 3° le Jaunia ; 4° l'Enragé.

Plant de blanc. — Le Plant de blanc est de tous les poiriers
celui qui mérite le plus d'éloges. A peine introduit dans notre pays
depuis un demi-siècle, cette espèce d'arbre s'est extrêmement répandue. Il croît avec rapidité quoique produisant étonnamment.
Plusieurs n'atteignent pas tout leur développement, parce que leurs
rameaux se rompent sous le fardeau qui les accable. Cet arbre vé-
gète surtout dans un terrain inculte, exposé au soleil du midi.
Les fruits, qui produisent un poiré très délicat, sont caractérisés
par la manière dont ils sont groupés sur le rameau qui les a produits. Ils atteignent leur maturité en octobre.

Gaubert. — Le Gaubert, un peu moins chanceux que le Plant de
blanc, l'emporte sur celui-ci pour la grosseur de ses fruits et l'étendue
de ses rameaux. Le poiré qu'on extrait de ses fruits est d'abord de
couleur blanchâtre, mais il se colore à mesure qu'il fermente. La
végétation du Gaubert est plus rapide dans un champ cultivé et sablonneux que partout ailleurs.

Jaunia. — Le Jaunia produit, comme son nom l'indique, des
poires de couleur jaunâtre. La délicatesse de son poiré et la chance

dont cet arbre jouit, le recommandent assez aux cultivateurs ; mais la petitesse de son fruit en empêche la propagation.

Enragé. — Cet arbre produit un fruit qui ressemble à celui du Jaunia par la petitesse. Le poiré qu'on en extrait, d'abord dur et désagréable au goût, s'adoucit et devient très délicat à mesure qu'il vieillit. Il a l'avantage sur tous les autres poirés de pouvoir être étendu d'une grande quantité d'eau. Pour obtenir de bon poiré, il faut avoir soin de laisser atteindre aux poires une parfaite maturité, ce qui a lieu en novembre.

FRUITS A EAU-DE-VIE.

Parmi les fruits à eau-de-vie, les espèces les plus distinguées sont le Besié, le Pouchard et le Branche de Fournet.

Besié. — Le Besié est, de tous les arbres à cidre, connus chez nous, le plus précoce. Le poiré qu'on extrait de ses fruits est assez agréable au goût tant qu'il n'a pas vu de printemps ; mais à peine cette saison régénératrice a-t-elle commencé, qu'il perd toute sa saveur. Le moment est alors venu d'extraire l'eau-de-vie qu'il contient. Cet arbre, aussi chanceux que le Plant de blanc, croît dans tous les lieux.

Pouchard. — Le Pouchard, au contraire, est très tardif ; ses fruits n'atteignent leur maturité qu'en octobre. Il a l'avantage sur le Besié d'ombrager une moins grande partie de terrain ; ses rameaux, au lieu de s'étendre horizontalement, s'élèvent verticalement, de sorte que sa forme ressemble à celle d'un peuplier.

Branche de Fournet. — Le Branche de Fournet est caractérisé par le volume et l'abondance de ses fruits.

Nota. — Ces trois dernières espèces de poiré produisent généralement un dixième d'eau-de-vie à 55 degrés centigrades.

SESSION DE 1867.

Les membres du Congrès pour l'étude des fruits à cidre, réunis à Alençon en septembre 1866, ont décidé que la 4ᵉ session de l'Association aurait lieu à Beauvais, en 1867, sous les auspices de la Société d'horticulture et de botanique du département de l'Oise.

Les études déjà faites, en 1866, par cette compagnie savante sur les fruits à cidre de la circonscription et les concours qu'elle a ouverts sur le cidre considéré comme boisson, au point de vue hygiénique, et sur la production, la fabrication et la conservation du cidre, nous donnent l'assurance que la session de 1867 sera l'une des plus fructueuses pour l'œuvre entreprise par le Congrès.

LISTE ALPHABÉTIQUE & DESCRIPTIVE

DES

POMMES A CIDRE

MISES A L'ÉTUDE

Pendant la Session tenue à Alençon, au mois de Septembre 1866.

NOTA. — Les numéros d'ordre qui précèdent les noms des fruits correspondent aux dessins exécutés pendant les séances et faisant partie des archives du Congrès.

---

119. Amer doux d'Ysey, *voyez* **Pomme d'Ysey.**

133. Amer gris. — Rejeté sur les renseignements donnés par le Questionnaire. — *Commune du Cuissai (Orne)* ; *M. de la Cussonnière.*

130. Amer précoce. — Rejeté.

126. Amer Saint-Thomas. — Fin de première saison. — Sol calcaire. — Arbre à tête arrondie, de fertilité moyenne. — Fruit moyen, ovoïde, légèrement côtelé ; épiderme jaune verdâtre, légèrement lavé de rouge et veiné de gris-roux, pointillé de brun ; œil petit, fermé, dans une cavité profonde, presque à fleur du fruit et légèrement plissée ; pédoncule moyen, ligneux, dans une cavité peu profonde, lavée de gris-brun. Chair blanc-jaunâtre, demi-ferme ; eau abondante, un peu sucrée, légèrement amère et contenant du tannin en quantité suffisante. — 4 points. — *Cuissai (Orne)* ; *M. de la Cussonnière.*

161. Avoine. — Ce fruit, déjà décrit sur spécimens venant des environs de Valogne, n'est pas assez mûr pour être dégusté. Cependant on peut, dès à présent, reconnaître qu'il doit être placé dans une classe supérieure à celle qu'il occupe dans les Bulletins de la Société d'Horticulture de Rouen. — *Hottot-les-Bagues (Calvados)*; *M. Combault.*

Bataille, *voyez* **Gros Cul, 141.**

136. **Belle Fille normande.** — 2ᵉ saison. — Sol argileux. — Arbre à branches verticales, vigoureux et fertile. — Fruit moyen, ovoïde, parfois aplati ; épiderme jaune pâle, presque entièrement recouvert de rouge vif, rayé de rouge foncé et parsemé de points gris ; œil petit, fermé, placé dans une cavité assez profonde, plissée ; pédoncule court, ligneux, dans une cavité régulière, peu profonde et revêtue de gris fauve ; chair blanc-jaunâtre ; eau abondante, sucrée, parfumée, laissant un peu d'âpreté au palais. — 2 points. — *Foulletourte (Sarthe)* ; *M. Letournay.*

137. **Belle Fille normande.** — 2ᵉ saison. — Sol calcaire. — Arbre à branches verticales, vigoureux et fertile. — Fruit gros, déprimé, plus haut d'un côté que de l'autre ; épiderme jaune pâle, piqueté de rouge ; œil moyen, fermé, à sépales très longs, dans une cavité profonde, irrégulière, bosselée et plissée ; pédoncule moyen, ligneux, placé dans une cavité assez profonde, lavée de gris roux ; chair blanc-jaunâtre, tendre ; eau abondante, sucrée et amère. — 4 points. — *M. Alphonse Michel, à Alençon.*

131. **Bera.** — Fruit à l'étude. Non décrit par les motifs que l'arbre est peu vigoureux et produit rarement. — *Très commun aux environs d'Alençon.*

Blanc d'Isey, *voyez* **Pomme de Doux, 124.**

122. **Blanc feuillard.** — Fin de première saison. — Sol argileux. — Arbre de forme ordinaire, très fertile. — Fruit moyen, sphérique, aplati, légèrement côtelé ; épiderme jaunâtre, piqueté de gris et marbré de roux, lavé de rose du côté du soleil ; œil moyen, fermé, placé dans une cavité peu profonde, ouverte et mamelonnée ; pédoncule court, quelquefois charnu, dans une cavité régulière peu profonde et lavée de gris-roux ; chair blanc-jaunâtre, demi-ferme ; eau abondante, sucrée. — 4 points. — *Commune de Cuissai (Orne)* ; *M. de la Cussonnière.*

162. Côtelée. — 2ᵉ saison. — Sol siliceux — Arbres à branches verticales, vigoureux et fertile. — Fruit petit ou moyen, conique-tronqué, légèrement côtelé ; épiderme jaune clair, lavé fortement de rose ; œil fermé, petit, placé dans une cavité très peu profonde, presque à fleur du fruit et légèrement plissée ; pédoncule long, ligneux, très-mince, placé dans une cavité étroite, assez profonde, revêtue de gris. Chair blanche, ferme ; eau abondante, sucrée et très sapide. — 3 points. — Excellente, cuite ; bonne, crue.— *Hottot-les-Baques, M. Gombault.*

Cul noué, *voyez* **Gros-Cul,** 141.

165. Douce Dame. *M. Delalonde, à Remilly (Manche).* — Ce fruit, déjà décrit sous le n° 55, dégusté de nouveau a été maintenu à 6 points. Mais il a été constaté qu'une erreur avait été commise dans sa description, attendu que la chair est jaune et non blanche.

148. Doux amer de Mauloué. — 1ʳᵉ saison.— Arbre à branches horizontales, vigoureux et très fertile. — Fruit moyen, conique déprimé, côtelé ; épiderme jaune pâle, lavé et marbré de rouge clair, parsemé de points et de lignés roux ; œil petit, fermé, à sépales longs, dans une cavité assez profonde, plissée et très irrégulière ; pédoncule moyen, ligneux, entièrement enfoncé dans une cavité étroite et évasée, lavée de gris-roux. Chair blanche, demi-tendre ; eau médiocrement abondante, sucrée, très astringente. — 3 points.— *Ille-et-Vilaine, M. Delaunay, de Rennes.*

120. Doux auvêque. — *M. Lainé, commune de Vingt-Hanaps.* — *Syn.* **Doux à l'Evêque, Doux aux Vespes, Doux Evêque.** — Décrit n° 45.

Doux aux Vespes, *voyez* **Doux auvêque,** nᵒˢ 45 et 120.

121. Doux de Courcité. — Fin de 2ᵉ saison. — Sol calcaire.— Arbre de forme ordinaire, fertile. — Fruit rond, déprimé ; épiderme verdâtre, pointillé de brun, lavé de rose du côté du soleil ; œil moyen, fermé, dans une cavité étroite, bosselée et moyennement profonde ; pédoncule très court, entièrement enfoncé dans une cavité moyenne, revêtue de gris fauve. Chair blanc-verdâtre, demi-ferme ; eau assez abondante, sucrée. — Dégustée avant maturité. — 4 points. — *Courcité (Mayenne); M. de la Cussonnière.*

170. Doux de la Vigne. — 2ᵉ saison. — Argile. — Arbres à branches horizontales, vigoureux et fertile. — Fruit petit, ovoïde, légèrement côtelé ; épiderme jaune verdâtre, rayé et maculé de rouge carmin, parsemé de points brunâtres ; œil petit, fermé, placé dans une cavité presque à fleur du fruit, plissée, mamelonnée ; pédoncule très large, ligneux, dans une cavité assez profonde, évasée à son orifice ; chair blanc-jaunâtre, ferme ; eau abondante, sucrée, parfumée. — 4 points. — *M. Leguay, instituteur à Batilly (Orne).*

123. Doux frangé. *syn.* **Ricard,** *à Ourville, (Seine-Inf.)* — Fin de 1ʳᵉ saison. — sol argileux. — Arbre de forme ordinaire, fertile. — Fruit moyen, conique-déprimé et fortement côtelé ; épiderme jaunâtre, lavé de rose, rayé largement de carmin foncé et parsemé de petits points blancs ; œil moyen, fermé, à sépales très-longs, placé dans une cavité peu profonde, évasée, légèrement bosselée ; pédoncule moyen, ligneux, inséré dans une cavité profonde, irrégulière, revêtue de gris fauve. Chair blanc-verdâtre, rosée sous l'épiderme, tendre ; eau très abondante et très sucrée, très bonne cuite. — 5 Points. — *M. de la Cussonnière. Commune de Cuissai, (Orne).*

150. Doux Gobet. — Présenté par M. Delaunay, de Rennes, est le même fruit précédemment décrit sous le nom de **Douze au Gobet** et provenant de la collection d'Avranches, (Manche). — Dégusté, il lui est de nouveau accordé 5 points.

149. — Doux manchée. — 2ᵉ saison. — Terrain d'alluvion. — Arbre à branches verticales, vigoureux et fertile. — Fruit petit, élargi vers l'œil, rétréci à la partie médiane ; épiderme jaune pâle, parsemé de points blancs ; œil moyen, fermé, dans une cavité peu profonde, presque à fleur du fruit, plissée ; pédoncule moyen, ligneux, long d'un centimètre, placé dans une cavité peu profonde et régulière. Chair blanc-jaunâtre, tendre ; eau assez abondante, sucrée, parfumée. — 5 points. — *Ille-et-Vilaine. M. Delaunay, à Rennes.*

Doux mignon, *voyez* **Doux sucre,** nº 134.

135. Doux rouge. — 2ᵉ saison. — Sol argileux. — Arbre à branches horizontales, peu vigoureux, mais fertile. — Fruit petit, ovoïde, conique ; épiderme jaune verdâtre, presque entièrement recouvert de raies rouges et ponctué de blanc ; œil petit, fermé, dans une cavité assez profonde, légèrement bosselée et un peu velue ; pédoncule moyen, ligneux, placé dans une cavité moyenne, irrégulière et lavée de gris-fauve ; chair vert-jaunâtre, demi-tendre ; eau assez abondante, sucrée et légèrement parfumée. — 4 points. — *M. Letourmy, à Foulletourte (Sarthe).*

134. **Doux sucre.** *syn.* **Doux mignon.** — 2ᵉ saison. — Sol sableux. — Arbre à branches verticales, très vigoureux. — Fruit gros, sphérique-déprimé, parsemé de petits points un peu saillants ; épiderme verdâtre, lavé et pointillé de rouge du côté du soleil ; œil moyen, entr'ouvert, dans une cavité assez profonde, évasée, plissée et mamelonnée ; pédoncule mince et court, inséré dans une cavité très profonde, irrégulière ; chair blanc-jaunâtre, fine ; eau abondante, très sucrée et agréablement parfumée. — 6 points. — *M. Letourmy à Foulletourte (Sarthe).*

155. **Fenouillet.** — 3ᵉ saison. — Argile. — Arbre à branches horizontales, très vigoureux, fertile. — Fruit moyen, ovoïde aplati, déprimé d'un côté ; épiderme vert-jaunâtre, lavé de rouge brun, rayé de rouge foncé, piqueté de brun clair ; œil entr'ouvert, placé dans une cavité profonde, élargie à son orifice, revêtue de gris ; pédoncule long, ligneux, quelquefois charnu, placé dans une cavité profonde, régulière, en entonnoir, revêtue de gris fauve ; chair blanche verdâtre, eau abondante, sucrée, très sapide, légèrement acidulée. — 4 points. Peut être mangé. — *M. Lucas Delaunay, instituteur à Chateaubriant, (Loire-Inférieure).*

142. **Fleur de Juin.** — Sol argileux. — Arbre à branches horizontales, fertile, très vigoureux. — Fruit petit, conique déprimé ; épiderme blanc, lavé et rayé de rouge du côté du soleil, parsemé de quelques petits points gris ; œil moyen, fermé, sépales longs, dans une cavité irrégulière, bosselée, plissée et mamelonnée ; pédoncule très long, ligneux, mince, inséré dans une cavité étroite, peu profonde, lavée de gris-roux ; chair blanc-verdâtre, ferme ; eau assez abondante très sucrée et légèrement amère. — 4 points. — Dégusté non mûr ; à revoir. — *M. Guillochin à Almenêches (Orne).*

23 octobre 1866. — 2ᵉ dégustation par l'un des membres du Congrès ; chair jaunâtre, ferme, demi-fine ; eau suffisante, sucrée, assez fortement amère, de bon goût. — Mérite bien 4 points.

145. Forget. — Pomme trouvée dans la pépinière de M. Forget, de Vimoutiers, dont elle a reçu le nom. — 3e saison. — Sol argileux. Arbre pyramidal, bien que parfois des branches se projettent en largeur, très vigoureux, très fertile. — Fruit petit, sphérique, aplati par ses deux extrémités; épiderme jaune-verdâtre, lavé et rayé de rouge-brun, parsemé de petits points blancs et gris-roux; œil moyen, fermé, placé dans une cavité peu profonde, plissée et côtelée; pédoncule moyen, ligneux, dans une cavité peu profonde, régulière, évasée, lavée de gris fauve; chair blanc-verdâtre, ferme; eau assez abondante, sucrée et légèrement amère. — 5 points. — *M. Dupont père , à Alençon.*

166. Gris de la Vallée. — 3e saison. — Sol sableux. — Arbre à branches horizontales, très vigoureux, très fertile. — Fruit petit, conique-tronqué au sommet; épiderme vert-clair, lavé de rose et rayé de rouge, parsemé de quelques petits points gris; œil petit, fermé presque à fleur du fruit, mais entouré d'une petite circonférence plissée et bosselée; pédoncule très variable en longueur, placé dans une cavité petite , infundibuliforme , légèrement revêtue d'une nuance grisâtre; chair verte, fine; eau suffisante, sucrée. — Non encore mûr. — 3 points. — *M. de la Londe, à Remilly (Manche).*

138 Gros Barbeton. — Fin de 2e saison. — Sol argileux. – Arbre à branches horizontales, fertile, mais peu vigoureux — Fruit gros, rond, plus large que haut; épiderme jaune-verdâtre, lavé et rayé de rouge pâle, parsemé de points blancs et de quelques points gris; œil moyen, fermé, dans une cavité peu profonde, plissée et bosselée; pédoncule long, ligneux, inséré dans une cavité assez profonde, régulière, revêtu de gris-roux; chair blanc-verdâtre, ferme; eau assez abondante, sucrée, légèrement parfumée et astringente.— 4 points. — *M. Letourmy, à Foulletourte (Sarthe).*

141. Gros Cul. — Déjà publié dans les Bulletins de la Société d'Horticulture de la Seine-Inférieure. La description qui en a été donnée dit : « pédoncule supporté par un mamelon lavé de fauve. » C'est là un caractère exceptionnel; quelquefois on le rencontre, mais d'autres fois le pédoncule est inséré dans une cavité peu profonde. En général , le fruit est très irrégulier.

Cette variété, très estimée dans l'Orne, est cultivée à Almenèches, à Vimoutiers, aux environs d'Alençon, etc. — Arbre à branches horizontales, vigoureux, très fertile.

Elle a pour synonymes : **Cul Noué, Bataille, Grosse Fleur de juin.** — *M. de la Cussonnière, à Alençon.*

143. Gros Cul. — Fin de 2e saison. — Sol argileux. — Arbre à branches horizontales et tête arrondie, vigoureux et fertile. — Fruit gros, aplati, rétréci au sommet et fortement côtelé ; épiderme vert-jaunâtre, lavé de rose et rayé de rouge carmin, parsemé de quelques points blancs ; œil gros, fermé, dans une cavité assez profonde, plissée et côtelée, entouré de gris ; pédoncule court, charnu, placé dans une cavité conique, évasée, revêtue de gris-roux, rugueux ; chair blanc-jaunâtre, ferme, demi-fine ; eau abondante, sucrée et légèrement amère. — 4 points. — A revoir en état de parfaite maturité. — *M. Dupont père, à Alençon.*

127. Gros Fresquin. — Décrit n° 50. — 4 points.

164. Gros Gérard ou **Gros Girard** (?) (Calvados) *Syn*. **Blanc Mollet** (Seine-Inférieure). — Ce fruit, précédemment décrit sous ce dernier nom, est reconnu, après nouvelle dégustation, mériter d'être classé à **5 points.**

154. Gros Pied. — 2e saison. — Sol d'alluvion. — Arbre vigoureux et fertile. — Fruit moyen, sphérique, quelquefois déprimé, variable de forme ; épiderme verdâtre, piqueté de larges points gris et blancs, quelquefois marbré de gris-roux ; œil petit, fermé, dans une cavité très étroite, peu profonde ; pédoncule moyen, ligneux, long de 2 centimètres, renflé à son point d'attache sur l'arbre, implanté dans une cavité peu profonde, régulière et évasée, lavée et rayée de gris-roux ; chair blanc-verdâtre, demi-ferme ; eau assez abondante, très sucrée, légèrement parfumée. — 4 points. — *M. Delaunay, de Rennes.*

Gros Roquet (*Sarthe*). *voyez* **Marin Anfray.**

167. Grosse Aveine. — 3e saison. — Sol argilo-sableux. — Arbre à branches horizontales, fertile et vigoureux. — Fruit gros, ovoïde-tronqué, un peu côtelé ; épiderme vert-clair, lavé et rayé de rouge foncé, pointillé de gris blanc ; œil moyen, fermé, placé dans une cavité large, assez profonde, côtelée et plissée ; pédoncule assez long, mince, dans une cavité en entonnoir, tapissée de gris blanchâtre ;

chair blanc-verdâtre; eau abondante, sucrée, parfumée. — 5 points. *M. de la Londe, à Remilly (Manche).*

Grosse Fleur de juin, *voyez* **Gros Cul,** 141.

132. Hommey ou **Petit Hommey, Rété** dans la Sarthe. — 2ᵉ saison. — Arbre de forme ordinaire, fertile. — Fruit moyen, déprimé; épiderme vert-grisâtre, lavé de rouge et réticulé de gris; œil moyen, fermé, dans une cavité peu profonde, irrégulière, évasée, entourée d'une large tache grise, rugueuse; pédoncule très court, gris, placé dans une cavité peu profonde et revêtue de gris-roux; chair blanc-jaunâtre, ferme. — Non en maturité, à déguster plus tard. — *M. de la Cussonnière, à Alençon.*

Cette pomme dégustée de nouveau le 23 octobre, par l'un des membres du Congrès, ne lui a pas paru d'un grand mérite, ni pour la table, ni pour le cidre. Elle est bonne, cuite.

140. Jabot. — Fin de 2ᵉ saison. — Sol calcaire. — Arbre vigoureux, fertile. — Fruit gros, ovoïde; épiderme jaune pâle, pointillé et marbré de gris; œil moyen, entr'ouvert, à sépales un peu longs, dans une cavité peu profonde, légèrement évasée et plissée; pédoncule très court, charnu, dans une cavité très profonde et très évasée; chair blanche, demi-ferme; eau abondante, sucrée et légèrement amère. — 4 points. — *Commune de Valframbert, M. Léon de la Sicotière, à Alençon.*

153. Louvières. — 2ᵉ saison. — Sol argileux. — Arbre à branches verticales, vigoureux et fertile. — Fruit petit ou moyen, déprimé, légèrement conique et très variable de forme; épiderme jaune-verdâtre, quelquefois rayé de rouge, parsemé de petits points blancs; œil petit, fermé, dans une cavité assez profonde, étroite et plissée; pédoncule petit, ligneux, de 2 centimètres, dans une cavité peu profonde, évasée et légèrement tachée de gris-roux; chair blanc-jaunâtre, demi-tendre; eau assez abondante, sucrée et amère. — 5 points. — *M. Gombault, à Hottot-les-Bagues (Calvados).*

159. Malières. — 3ᵉ saison. — Sol argileux. — Arbre pyramidal et vigoureux. — Fruit gros, ovoïde, légèrement bosselé; épiderme vert clair, légèrement lavé de rose et piqueté de gris sale; œil petit, fermé, placé dans une cavité irrégulière, plissée, bosselée; pédoncule court et charnu, placé dans une cavité peu profonde, irrégulière, revêtue de gris fauve ; chair blanc-jaunâtre ; eau abondante, sucrée, légèrement parfumée et amère — 5 points. — *M. Gombault, instituteur à Hottot-les-Bagues (Calvados)*.

167 bis. Mont-Bottin. — 2e saison. — Sol calcaire. — Arbre à branches verticales, vigoureux et fertile. — Fruit moyen, aplati, légèrement côtelé ; épiderme vert-jaunâtre, lavé de carmin (?) ; œil grand, fermé, sépales herbacés, très longs, persistants, duveteux, dans une cavité assez profonde, large, plissée ; pédoncule ligueux, inséré dans une cavité assez profonde, présentant quelques traces de gris brun ; chair blanc-jaunâtre, cassante ; eau assez abondante, sucrée et parfumée. — 5 points. — *M. Saint-Denis, instituteur à Dozulé (Calvados)*.

146. Mord-Friand. — 1re saison. — Alluvion de la mer. — Arbre à branches horizontales, vigoureux et fertile. — Fruit moyen, conique, aplati vers le pédoncule, légèrement côtelé et irrégulièrement développé ; épiderme jaunâtre, lavé et marbré de rouge ; œil petit, fermé, dans une cavité très peu profonde, presque à fleur du fruit, plissée et côtelée ; pédoncule court, ligneux, dans une cavité assez profonde, évasée, lavée de gris-roux ; chair blanc-jaunâtre, fine ; eau peu abondante, sucrée, légèrement amère. — 2 points. — Dégustée après maturité. — *M. Delaunay, à Rennes*

169. OEil plat. — Sol calcaire. — Arbre à branches horizontales, fertile et vigoureux. — Fruit gros, aplati ; œil grand, fermé, dans une cavité peu profonde, mais très large, entourée et recouverte d'une très large plaque gris-fauve ; épiderme vert-clair, lavé de rouge-brun et piqueté de gris ; pédoncule très long, ligneux, placé dans une cavité large, peu profonde et évasée ; chair blanc-verdâtre ; eau abondante, sucrée, parfumée, légèrement amère. — 3 points. — *M. Saint-Denis, à Dozulé (Calvados)*.

156. Or Milcent. — *Vimoutiers. M. de Sullis.* — Décrit n° 35 sous les noms de **L'Hormilcent, Hormissent.**

160. — Orange, *Syn.* **Petit Douveret,** *à Richeville (Orne).* — 2e saison. — Sol argileux. — Arbre à branches horizontales, fertile et vigoureux. — Fruit petit, ovoïde, côtelé ; épiderme vert-jaunâtre, rayé de rouge foncé, piqueté de gris ; œil presque à fleur du fruit, dans une très petite cavité, plissée et bosselée ; pédoncule assez long,

6

ligneux, dans une cavité peu profonde, élargie à l'entrée ; chair blanc-verdâtre ; eau abondante, très sucrée, parfumée. — 5 points. *M. Gombault, à Hottot-les-Bagues (Calvados).*

139. Petit Barbeton, *Syn.* **Gros Roquet, Petit Roquet,** *à Foulletourte (Sarthe),* voyez **Marin Anfray.**

Petit Douveret, *voyez* **Orange,** 160.

144. Petite sorte. — Décrite sous le n° 36. — Dans une seconde dégustation, à Alençon, elle est reconnue mériter 5 points —L'arbre vigoureux est très fertile. — *M. Dupont père, à Alençon.*

163. Petit Girard. — 1ʳᵉ saison. — Sol siliceux. — Arbre à branches horizontales, vigoureux et très fertile. — Fruit petit, arrondi et légèrement conique ; épiderme jaune très clair, presque blanc, un peu piqueté de roux ; œil gros, à fleur de fruit, à sépales très apparents, placé dans une cavité très peu profonde, plissée et bosselée ; pédoncule long, mince, ligneux, dans une cavité peu profonde, irrégulière, revêtue de fauve clair ; chair blanche, fine ; eau assez abondante, sucrée, parfumée, moins amère que le Gros Girard, mais présentant un peu d'amertume. — 4 points. — *M. Gombault, à Hottot-les-Bagues.*

Petit Hommey, *voyez* **Hommey,** 132.

154. Petit jaune. — 2ᵉ saison. — Sol argileux. — Arbre à tête ronde, fertile et vigoureux. — Fruit petit ou très petit, ovoïde, irrégulier, légèrement côtelé ou bosselé ; épiderme jaune clair, lavé de rose, piqueté de points fauves ; œil presque fermé, dans une cavité large, évasée, plissée et bosselée, colorée légèrement en gris fauve ; pédoncule long, ligneux, velu, inséré dans une cavité profonde, évasée, revêtue de gris-brun ; chair jaune, fine, sucrée, acidulée et parfumée. — 3 points. — *M. Lucas Delaunay, à Châteaubriant (Loire-Inférieure).*

147. Petit massacre. — 2ᵉ saison. — Alluvion de mer. — Arbre à tête en boule, très vigoureux, extrêmement fertile. — Fruit moyen, aplati ; épiderme jaune pale, lavé et rayé de rouge carmin ; œil moyen, fermé, dans une cavité assez profonde, étroite et plissée ; pédoncule court, entièrement enfoncé dans une cavité étroite, régulière, légèrement colorée de gris-roux ; chair blanche, demi-ferme ;

eau abondante, sucrée, amère et parfumée. — 5 points. — *M. Delaunay, à Rennes.*

Petit Roquet, *voyez* **Marin Anfray.**

158. Pierrot. — 3e saison. — Sol argileux. — Arbre à branches
horizontales, fertile et vigoureux. — Fruit moyen ou petit, conique,
côtelé, irrégulier, dans le genre des Calvilles ; épiderme vert
clair, jaunissant, lavé de rose pâle et piqueté de gris ; œil moyen,
fermé, à sépales herbacés et persistants, placé dans une cavité bosselée et côtelée ; pédoncule court et gris, inséré dans une cavité
irrégulière, mamelonnée et revêtue de gris fauve ; chair blanche,
assez ferme ; eau assez abondante, suffisamment sucrée et amère. —
3 points. — *M. Gombault, à Hottot-les-Bagues (Calvados).*

Cette variété diffère beaucoup du **Pierrot** antérieuremeut décrit
dans les Bulletins de la Société d'Horticulture de la Seine-Inférieure.

128 Pomme de canne. — 2e saison. — Sol argileux. — Arbre
de forme ordinaire, fertile. — Fruit gros, sphérique, côtelé ; épiderme verdâtre, lavé et rayé de rouge foncé du côté du soleil ; œil
moyen, entr'ouvert, à sépales un peu longs, dans une cavité peu
profonde, évasée, plissée ; pédoncule moyen, quelquefois charnu,
dans une cavité profonde, étroite, lavée et rayée de roux ; chair
blanc-jaunâtre, demi-tendre ; eau assez abondante, sucrée, parfumée.
— 5 points. — *M. de la Cussonnière, commune de Cuissai (Orne).*

130. Pomme de Chenay. — Tire son nom de la commune de
Chenay (Sarthe) ; *syn.* **Pomme de Marchand,** du nom de son ob-
tenteur ; **Poulain jaune.** — 3e saison. — Sol argileux. — Arbre
pyramidal, très fertile.—Fruit petit, sphérique ou un peu cylindrique,
très légèrement côtelé ; épiderme jaune-verdâtre, légèrement coloré
de rose ; œil petit, fermé, placé dans une cavité peu profonde et un
peu bosselée ; pédoncule moyen, ligneux, dans une cavité régulière,
peu profonde, étroite et lavée de gris-fauve ; chair blanc-jaunâtre,
ferme ; eau assez abondante, sucrée, légèrement parfumée et un peu
amère. — 5 points. — *M. de la Cussonnière, commune de Cuissai
(Orne).*

152. Pomme de Cimetière. — 1re saison. — Sol argileux. —
Arbre à branches verticales, fertile et vigoureux. — Fruit moyen ou

gros, pyriforme aplati par les deux extrémités ; épiderme jaune clair, très coloré de rouge vermillon, parsemé de points gris ; œil petit, fermé, dans une cavité peu profonde, régulière, plissée ; pédoncule court, ligneux, enfoncé dans une cavité profonde, évasée, lavée d'une petite tache de gris roux ; chair blanche, fine ; eau assez abondante, sucrée, amère. — 4 points. — *M. Gombault, à Hottot-les-Bagues.*

124. Pomme de Doux, *syn.* **Blanc d'Ysey.** — Variété apportée d'Ysey (Mayenne). — Fin de 1re saison. — Sol argileux. — Arbre de forme ordinaire, fertile. —Fruit moyen, sphérique, aplati à la base ; épiderme jaune-verdâtre, parfois légèrement lavé de rose ; œil moyen, fermé, placé dans une cavité peu profonde, étroite, légèrement côtelée ; pédoncule moyen, dans une cavité peu profonde, évasée, lavée de gris-roux ; chair blanc-jaunâtre, demi-ferme ; eau assez abondante, peu sucrée. — 2 points. — *M. de la Cussonnière, commune de Cuissai (Orne).*

116. Pomme d'Ysey, *syn.* **Amer Doux d'Ysey.** — Trouvée à Ysey (Mayenne). — Fin de 1re saison. — Sol calcaire. — Arbre de forme ordinaire, fertile. —Fruit gros, aplati, irrégulièrement développé ; œil entr'ouvert, dans une cavité moyenne, bosselée ; pédoncule quelquefois grêle et de 10 millimètres de longueur, quelquefois court et charnu, dans une cavité profonde, rétrécie à son entrée et colorée en gris-roux ; épiderme blanc-jaunâtre, rayé de rose, parsemé de points et de lignes gris-verdâtres ; chair blanc-verdâtre, demi-ferme et demi-fine ; eau assez abondante, sucrée et parfumée. — 4 points. — *M. de la Cussonnière, à Cuissai (Orne).*

Rété, *voyez* **Hommey,** 132.

Ribotière. — Fruit présenté par *M. de la Cussonnière, de Cuissai (Orne),* reconnu identique à celui déjà décrit n° 39, sous le même nom et provenant de la commune de Regmalard.

Ricard, *voyez* **Doux Frangé,** n° 123.

125. Thomas. — Fin de 1re saison. — Sol argileux. — Arbre de forme ordinaire, très fertile. — Fruit moyen, déprimé-conique, légèrement côtelé ; épiderme jaune, pointillé de brun ; œil moyen, fermé, placé dans une cavité peu profonde et légèrement bosselée ; pédoncule moyen, ligneux, dans une cavité étroite, assez profonde,

régulière et revêtue de gris-roux ; chair blanc-jaunâtre , tendre ;
eau assez abondante , sucrée, légèrement parfumée. — 3 points. —
M. de la Cussonnière, commune de Cuissai (Orne).

157. Tordcou. — 3ᵉ saison. — Rejeté pour défaut de qualité. —
M. Lucas Delaunay, à Châteaubriant (Loire-Inférieure).

168. Vertante rouge. — 3ᵉ saison. — Lias. — Arbre à branches
horizontales, vigoureux, fertile. — Fruit petit, conique aplati, plus
déprimé d'un côté que de l'autre, légèrement côtelé ; épiderme vert
clair, coloré de rouge brique et piqueté de gris-blanc ; œil petit,
fermé, dans une cavité petite, peu profonde, large à son orifice ;
pédoncule court, charnu, placé sur un mamelon, dans une cavité peu
profonde, large à l'orifice et colorée de gris-fauve pâle ; chair blanc-
verdâtre ; eau suffisante, sucrée, un peu parfumée. — 3 points. —
M. Saint-Denis, instituteur à Dozulé (Calvados).

LISTE ALPHABÉTIQUE & DESCRIPTIVE

DES

POIRES DE PRESSOIR

MISES A L'ÉTUDE

Pendant la Session tenue à Alençon, au mois de Septembre 1866.

NOTA. — Les numéros d'ordre qui précèdent les noms de fruits correspondent aux dessins exécutés pendant les séances et faisant partie des archives du Congrès.

Chien roux, *voyez petit Chien*, n° 2.

12. **Gros Hie**. — 2e saison. — Sol argileux. — Arbre à tête en bouquet, fertile. — Fruit petit, ovoïde conique, plus développé d'un côté que de l'autre; épiderme vert-jaunâtre, piqueté et plaqué de gris et parsemé de points blancs, légèrement saillants; œil moyen, ouvert, dans une cavité peu profonde, étroite et plissée; pédoncule moyen, ligneux, de 2 centimètres, implanté obliquement à la base d'un petit mamelon; chair blanc-jaunâtre, demi fine; eau assez abondante, sucrée et un peu astringente. — 4 points. — *M. Victor Leguay, instituteur, commune de Batilly.*

15. **Gros rouge Guigné**, *syn.* **rouge Vigny**, **Vigny commun**, dans tout le département de l'Orne. — 2e saison. — Sol argileux. — Arbre vertical, vigoureux et fertile. — Fruit pyriforme turbiné; épiderme vert-jaunâtre, lavé de gris-roux et piqueté de fauve; œil moyen, ouvert, sépales dressés, dans une cavité peu profonde, plissée; pédoncule de grosseur moyenne, long de 1 centimètre 1/2, ligneux, charnu à la base qui est implantée obliquement sur une

gibbosité ; chair blanc-verdâtre , demi-tendre , granuleuse ; eau abondante, assez sucrée et astringente. — 3 points. — *M. Gaumier, commune de Saint-Simon.*

10. **Lanticotin.** — 3e saison. — Fruit petit , pyriforme , légèrement conique ; épiderme vert clair, coloré en rouge foncé du côté du soleil, recouvert de marbrures et de points gris, pointillé de blanc ; œil ouvert, à fleur du fruit, sépales peu apparents ; pédoncule long de 2 centimètres, ligneux, charnu à la base, supporté par un mamelon peu apparent ; chair blanc-verdâtre, assez fine ; eau abondante, peu sucrée , acidulée, astringente. — *M. Leguay , instituteur à Batilly (Orne).* — Non mûr ; à revoir.

13. **Moque-Friand.** — 2e section. — Sol argileux. — Arbre à tête ronde, vigoureux et très fertile. — Fruit moyen , turbiné , légèrement conique ; épiderme vert-jaunâtre , lavé et marbré de gris-roux ; œil grand , ouvert , à sépales caduques , placé à fleur du fruit ; pédoncule moyen, long de 1 centimètre, charnu, se continuant avec le corps du fruit ; chair blanc-jaunâtre, demi fine ; eau abondante, sucrée, astringente. — 4 points. — *M. Leguay, instituteur, commune de Batilly (Orne).*

11. **Paronnet.** — 2e saison. — Sol argileux. — Arbre à tête arrondie, très vigoureux , très fertile. — Fruit fusiforme ; épiderme vert foncé, lavé de gris-roux, parsemé de points gris clair ; œil gros, ouvert, à sépales persistants et larges , dans une cavité très peu profonde, à fleur du fruit ; pédoncule moyen, charnu, de 3 à 4 centimètres, implanté obliquement à la base d'un mamelon ; chair blanc-jaunâtre, assez fine ; eau abondante, sucrée, acidulée. — 3 points. — *M. Marguerite , instituteur au Mesnil-de-Briouze (Orne).*

2. **Petit Chien,** syn. **Chien roux.** — Commencement de 2e saison. — Sol calcaire. — Arbre vertical, vigoureux et fertile. — Fruit petit, conique ; épiderme vert pâle , lavé de gris-roux du côté du soleil et parsemé de petits points gris saillants ; œil moyen, implanté dans une cavité latérale, surmontée d'un côté par un mamelon assez fort , peu profonde et revêtue de gris-roux ; pédoncule long de 4 centimètres, implanté sur une éminence plissée et mamelonnée, couverte de gris-roux ; chair blanc-verdâtre, grossière ; eau abondante, sucrée , lé-

gèrement astringente. - 4 points. — *MM. de la Sicotière, à Alençon, et Louvel, à Remalard.*

9. **Poire d'Avenelles.** — 3ᵉ saison. — Sol argileux. — Arbre
très vigoureux et très fertile. — Fruit moyen, rond, légèrement conique ; épiderme vert foncé, parsemé de petits points gris saillants,
plaqué de gris-roux ; œil moyen, ouvert, à sépales droits, persistants,
dans une cavité très peu profonde, à fleur du fruit; pédoncule moyen,
ligneux, implanté obliquement à la base d'un petit mamelon, lavé de
gris-roux ; chair verdâtre, granuleuse; eau abondante, sucrée, astringente. — *M. Maurey, commune d'Osmel.* — Fruit non mûr ; à
revoir.

1. **Poire de Chien.** — Fin de 2ᵉ saison. — Sol calcaire. — Arbre
vertical, vigoureux et très fertile. — Fruit moyen, arrondi, légèrement conique ; épiderme vert-jaunâtre, piqueté et plaqué de gris-
fauve ; œil moyen, ouvert, dans une cavité très peu profonde, presque
à fleur du fruit, sépales persistants et charnus (?) ; pédoncule ligneux,
de 2 centimètres 1/2, renflé à ses deux extrémités; chair blanche,
granuleuse; eau abondante, sucrée, ayant beaucoup d'âpreté et ex-
cessivement astringente. — 4 points. — *M. de la Sicotière, commune de Vulframbert.*

6. **Poire de Coigné.** — 2ᵉ saison. — Sol argileux. — Arbre de
fertilité ordinaire. — Fruit petit, rond, aplati vers l'œil, légèrement
conique vers le pédoncule; épiderme vert clair, parsemé de petits
points blancs ; œil moyen, ouvert, charnu, dans une cavité très peu
profonde, fortement plissée et mamelonnée ; pédoncule moyen, ligneux, long de 4 centimètres, implanté verticalement sur le fruit ;
chair verdâtre, ferme, granuleuse; eau abondante, sucrée, astringente. — 4 points. — *M. de la Cussonnière, à Alençon.*

4. **Poire de la Blosserie.** — Trouvée dans le département de la
Sarthe, commune du Chemin, ferme de la Blosserie. — Déjà décrit
dans les Bulletins de la Société d'horticulture sous le synonyme
PESCŒUR. — *Présentée par M. de la Cussonnière.*

8. **Poires de prix.** — 2ᵉ saison. — Terrain calcaire. — Arbre de
fertilité ordinaire. — Fruit gros, rond, plus large que haut, aplati
à chacune de ses extrémités; épiderme vert foncé, parsemé de
points gris ; œil moyen, ouvert, à sépales persistants, dans une cavité

peu profonde, évasée, lavée de gris-brun ; pédoncule gros, charnu, long de 2 centimètres 1/2 , dans une cavité très peu profonde , très évasée, presque à fleur du fruit; chair verdâtre, granuleuse ; eau abondante, très sucrée, légèrement astringente. — 5 points.— *M. de la Cussonnière, à Cuissai (Orne).*

5. **Poire de Vache.** — 2ᵉ saison. — Sol calcaire. — Arbre vertical, très vigoureux, très fertile. — Fruit moyen, sphérique, inégalement développé ; épiderme vert-jaunâtre, piqueté de gris sur toute sa surface; œil moyen, fermé, à sépales charnus et assez développés, placé dans une cavité peu profonde , plissée, légèrement bosselée , revêtue de gris-roux ; pédoncule de 3 centimètres, ligneux, implanté verticalement à la base d'un petit mamelon ; chair blanc-verdâtre , granuleuse ; eau abondante , sucrée , parfumée, astringente. — 5 points. — *M. de la Cussonnière, commune de Cuissai (Orne).*

14. **Raguenet.** — 1ʳᵉ saison. — Sol argileux. — Arbre à tête arrondie, assez vigoureux, très fertile. — Fruit petit, ovoïde, légèrement conique; épiderme jaune clair, nuancé de vert, lavé et marbré de gris-fauve; œil petit, ouvert, à sépales charnus , dans une cavité à fleur du fruit, très plissée ; pédoncule moyen , ligneux, long de 2 centimètres , implanté dans une très légère dépression ; chair blanc-verdâtre , demi ferme; eau abondante , sucrée, parfumée, acidulée et astringente. — 4 points. — *M. Leguay, commune de Batilly.*

7. **Rouge Vigné blanc.** — — 2ᵉ saison. — Sol calcaire. — Arbre à branches verticales, fertile. — Fruit sphérique, légèrement ovoïde ; épiderme vert-jaunâtre, parsemé de points bruns et blancs; œil gros, ouvert, à sépales dressés ou renversés, dans une cavité très peu profonde, plissée et mamelonnée; pédoncule moyen, ligneux, long de 3 centimètres. implanté dans une petite cavité, lavée de gris-roux; chair verdâtre, légèrement granuleuse; eau abondante, sucrée, astringente. — 3 points. — *M. de la Cussonnière, commune de Cuissai (Orne).*

Rouge Vigny, *voyez* **Gros rouge Guigné, 15.**

3. **Sauge rouge** — 3ᵉ saison. — Sol argileux. — Arbre vertical, très vigoureux et très fertile. — Fruit moyen, pyriforme ; épiderme vert foncé, coloré de rouge brique, parsemé d'une multitude de

points gris légèrement saillants ; œil gros, ouvert, à sépales longs et étalés, dans une cavité peu profonde, presque à fleur du fruit ; pédoncule long de 3 à 4 centimètres, implanté obliquement à la base d'un mamelon assez saillant ; chair verte, ferme, grossière, granuleuse ; eau abondante, sucrée et astringente. — 3 points. — *M. de la Cussonnière, commune de Cuissai (Orne.)*

Fruit non mûr, à revoir. Excellents renseignements.

16. — Trochet. — 2ᵉ saison. — Fruit très petit, ovoïde ; épiderme jaune-verdâtre, marbré et pointillé de gris-fauve ; œil petit, ouvert, à sépales étalés, placé à fleur du fruit ; pédoncule mince, ligneux, long de 1 centimètre et demi, implanté verticalement dans une légère dépression ; chair blanc-verdâtre, demi-ferme, granuleuse ; eau assez abondante, sucrée et astringente. — Fruit non mûr, à revoir.

Vigny commun, *voyez* **Gros rouge Guigué,** 15.

LISTE DES MEMBRES

CONGRÈS POUR L'ÉTUDE DES FRUITS A CIDRE

ET DES

SOCIÉTÉS ADHÉRENTES.

Sociétés ayant donné leur adhésion.

La Société centrale d'Agriculture de la Seine-Inférieure.
La Société d'Agriculture et de Commerce de Caen [Calvados].
La Société d'Agriculture de l'arrondissement du Havre.
La Société impériale et centrale d'Horticulture de France.
La Société impériale et centrale d'Horticulture de la Seine-Infé-
  rieure.
La Société centrale d'Horticulture du Calvados.
La Société d'Horticulture d'Ille-et-Vilaine.
La Société d'Horticulture de Chartres.
La Société d'Horticulture de l'Orne [à Alençon].
La Société d'Horticulture et de Botanique de Beauvais [Oise].
La Société d'Horticulture de l'arrondissement de Saint-Lô [Manche]

Membres du Congrès.

MM. ACHER, propriétaire à Yvetot.
   ANDROUEN, président de Chambre à la Cour impériale, rue de
     Belair, à Rennes,
   ANGOT, propriétaire, rue du Pré, 71, à Rouen.
   APVRILLE, docteur-médecin, rue de Trianon, 2, à Rouen.

AUBRÉE [F.], greffier en chef de la Cour impériale de Rennes.

BAYEUX, président de la Société d'Horticulture, place Saint-Sauveur, 14, à Caen.

BERJOT [F.], membre des Sociétés d'Agriculture et d'Horticulture de Caen, impasse de la Fontaine, à Caen.

BERTRAND, maire de la ville de Caen, député.

BLIN [P.-F], prêtre à Lasson, près Caen.

BONNECHOSE [A. DE], à Monceaux, près Bayeux.

BOUTTEVILLE [DE], D.-M., vice-président de la Société d'Horticulture de la Seine-Inférieure, grande rue Saint-Gervais, 10 B, à Rouen.

BRICON [L.], pépiniériste, rue des Capucins, à Caen.

CHATEL [Victor], à Valcongrin [Calvados].

COLLETTE [L.], propriétaire à Croisilles, près Thury-Harcourt [Calvados].

COLLEU, jardinier-chef du Jardin-des-Plantes de Rennes.

COLMICHE [A.], secrétaire de Bureau de la Société d'Horticulture, à Caen.

CUSSONNIÈRE [DE LA], Edouard, à Alençon.

DAMOUR [Augustin], pépiniériste à Roncherolles, près Rouen.

DAUFRESNE, receveur municipal, à Lisieux.

DAVID-BEAUJOUR, président du Tribunal de commerce à Caen.

DEBONNE, propriétaire, rue du Champ-des-Oiseaux, 44, à Rouen.

DEHAIL, rue Blaise, à Alençon.

DELAUNAY [L.], secrétaire de la Société d'Horticulture d'Ille-et-Vilaine, Pré-Botté, 12, à Rennes.

DELFAUT, vice-président de la Société d'Horticulture d'Ille-et-Vilaine, rue de Paris, 8, à Rennes.

DESFORGES, propriétaire à Foucherolles, par Courtenay [Loiret].

DESHAYES [H.], à Mesnil-Mauger, près Mézidon [Calvados].

DESVÉ, propriétaire, rue Saint-Maur, 25, à Rouen.

DROUADAINE, docteur-médecin, rue de Toulouse, à Rennes.

MM. DUFERAGE [A.], membre de la Société d'Horticulture à Caen.

DUPONT père, propriétaire à Alençon.

ESNAULT [Charles], négociant, rue Saint-Sauveur, 3, à Caen.

ESTAINTOT [comte D'], vice-président de la Société d'Horticulture de la Seine-Inférieure, à Rouen.

FONTAINE, vice-président de la Société d'Horticulture de Caen.

FORMIGNY DE LA LONDE [A. DE], vice-secrétaire de la Société d'Agriculture, à Caen.

GODEFROY père, docteur-médecin, Champ-Jauquet, 15, à Rennes.

GRAVELLE-DESULÈS, archiviste de l'Orne, à Alençon.

GUENETAIN [le comte DE], au château de la Molière, commune de Saint-Senoux, ou rue des Dames, à Rennes.

HAUDRECHY fils aîné, horticulteur-pépiniériste, rue de Baunay, commune de Boisguillaume, près Rouen.

HELLOUIN [V.], maire de Neville, canton de Saint-Valery-en-Caux [Seine-Inférieure].

HOLZMANN [Edouard], membre de la Société d'Horticulture, à Caen.

HUCHET DE CINTRÉ [le baron Alphonse], rue de la Monnaie, 22, à Rennes.

HUET, ancien notaire, rue Campulley, 12, à Rouen.

JOUANNE [A.], inspecteur d'Assurances à Boisguillaume, près Rouen.

JOSSE, propriétaire et membre de la Société d'Horticulture, rue de Fougères, 20, à Rennes.

LAGARENNE [DE] secrétaire général de la Préfecture à Alençon.

LAISNÉ [A.-M.], président du Cercle horticole d'Avranches.

LONDE DU THIL [DE LA], président de la Société d'Agriculture de l'arrondissement du Havre, à Tocqueville-Benarville [Seine-Inférieure].

MM. LETOT [Ch.]. propriétaire à Caen.

LÉON-LEGUAY [Le baron], président de la Société d'Horticulture de l'Orne, membre du Conseil général de l'Orne.

LE GUICHEUX [A.], président du Comice agricole de Fresney, [Sarthe], à Fresney-sur-Sarthe.

LEPETIT, curé de Tilly-sur-Seulles.

LEPROU, secrétaire de la Société d'Horticulture de la Seine-Inférieure, à Rouen.

LEROY-PERQUER [Emmanuel], propriétaire, rue de Fleurus, 25, à Paris.

MANCEAUX, conservateur de la Bibliothèque du Mans, au Mans.

MALHERBE [A.], horticulteur à Bayeux.

MARTENÉ DE SAINT-PATERNE [comte DE], membre des Sociétés d'Agriculture et d'Horticulture de Caen, rue Leroy, à Caen.

MARTIN [A.], propriétaire à Ville-Neuve-en-Plélan [Ille-et-Vilaine].

MARTIN [P.], rue Saint-Germain, 4, à Rennes.

MAUDUIT [Ferdinand], pépiniériste à Boisguillaume près Rouen.

MAURY [DE], commune d'Ommel, canton d'Exmes [Orne].

MICHELIN, inspecteur des contributions indirectes, rue du 29 Juillet, à Paris.

MORIÈRE [J.], professeur à la Faculté des Sciences de Caen.

NICOLLE père, propriétaire, rue du Vert-Buisson, 2, à Rouen.

NIGAULT DE PRAILAUNÉ, membre de la Société d'Horticulture du Calvados, rue Froide, à Caen.

OUIN, membre de la Société d'Horticulture, rue du Nord, 1, à Rouen.

PAULMIER [Ch.], président de la Chambre de Commerce, à Caen.

PAYNEL (C.], à Mesnil-Mauger, [Calvados], près Mézidon.

MM. PITON DU GAULT [A.], juge de paix, quai de Nemours; 19, à Rennes.

POTTIER [Valentin], propriétaire à La Bouille.

RÉFUVEILLE, M.-P., rue de la Croix-de-Fer, 5, à Rouen.

REUZÉ, trésorier de la Société d'Agriculture d'Ille-et-Vilaine, rue de Nemours, 10, à Rennes.

ROUSTEL, président de la Société d'Horticulture de la Seine-Inférieure, rue de la Chaîne, à Rouen.

ROBINOT DE SAINT-CYR [A.], maire de Rennes, rue de la Monnaie, 14.

SIRODOT, professeur de botanique et de zoologie à la Faculté des Sciences, rue Saint-Hélier, 76, à Rennes.

TAROT, président de la Société d'Horticulture d'Ille-et-Vilaine, rue de la Visitation, à Rennes.

TARROUILLY [LE], président de la Chambre de Commerce, rue de Vincennes, à Rennes.

THIERRY [G.], conservateur du Jardin botanique, à Caen.

ROUEN. — Imp, de H. BOISSEL, rue de la Vicomté. 55.

CONGRÈS

1868

POUR

L'ÉTUDE DES FRUITS A CIDRE.

4ᵉ SESSION,

Tenue à Beauvais du 20 au 25 Octobre 1867.

PROCÈS-VERBAUX DES SÉANCES.

Première Séance. — *20 Octobre.*

OUVERTURE DU CONGRÈS. — Le Congrès pour l'étude des fruits à cidre, réuni à Alençon en septembre 1866, avait décidé que la quatrième Session de l'Association aurait lieu à Beauvais, en 1867, sous les auspices de la Société d'Horticulture et de Botanique de Beauvais.

Les études déjà faites, en 1866, par cette Société, sur les fruits à cidre de la circonscription et les concours qu'elle a ouverts sur le cidre considéré comme boisson au point de vue hygiénique, et sur la production, la fabrication et la conservation du cidre, justifiaient pleinement le choix fait par le Congrès de la ville de Beauvais pour devenir le siége de sa quatrième Session.

Les 24 mémoires reçus par la Société avaient été préalablement soumis, dès la fin de juillet, à l'examen des membres du Congrès; de

7

C.

plus, à leur arrivée à Beauvais, les délégués trouvèrent réunies à l'Hôtel-de-Ville les diverses collections de fruits à cidre recueillis par les sections de la Société ou envoyés des départements de la Seine-Inférieure et de l'Orne.

C'est en possession de ces éléments et de ces sujets d'études que, le 20 octobre, s'est ouverte, à une heure, la quatrième Session du Congrès pour l'étude des fruits à cidre, sous la présidence provisoire de M. de Boutteville, vice-président de la Société d'Horticulture de la Seine-Inférieure, assisté de MM. le Président et le Secrétaire de la Société d'Horticulture de Beauvais, de M. Michelin, délégué la Société impériale et centrale d'Horticulture de France, de M. Damour, pépiniériste à Roncherolles, membre du Conseil d'administration du Congrès, de M. Haudrechy fils aîné, horticulteur-pépiniériste à Boisguillaume, Trésorier du Congrès et du Bureau de la Société d'Horticulture et de Botanique de Beauvais.

M. de Boutteville donne lecture d'une lettre adressée au Président du Congrès par M. Thierry, directeur du Jardin botanique de la ville de Caen, membre fondateur du Congrès, pour l'informer qu'étant commis par l'autorité judiciaire pour faire des expertises dans les arrondissements de Cherbourg et de Valognes, il se voit, à son grand regret, privé d'assister aux travaux du Congrès. Il charge M. le Président d'exprimer ses regrets à tous ses collègues.

Ont pris part aux travaux de la session un grand nombre des membres de la Société centrale de Beauvais et de ses sections cantonales, parmi lesquels :

MM. Ch. Delacour, *président ;* d'Elbée, *vice-président ;* Hippolyte Rodin, *secrétaire ;* Lesacher, *trésorier ;* Alexandre Delaherche ; Delaville ; Chatenay ; l'abbé Pillon, curé de Saint-Crépin ; Cyrille Caron, Crosnier, Léger, Pelletier, Dourlent, Fleury, etc., etc.

DISCOURS DE M. LE PRÉSIDENT.—M. de Boutteville, vice-président de la Société d'Horticulture de la Seine-Inférieure, secrétaire du Conseil d'administration du Congrès pour l'étude des fruits à cidre, a ouvert la séance par le discours suivant :

« MESSIEURS,

« Je ne prévoyais pas que j'aurais l'honneur de prendre la parole à l'ouverture de la présente réunion ; mais l'absence de M. Roustel, président du Conseil d'administration du Congrès pour l'étude des fruits à cidre, qui, au moment même où nous quittions Rouen, m'a fait savoir qu'il lui était impossible de se rendre à Beauvais, m'impose l'obligation d'exposer en quelques mots aux personnes qui, aujourd'hui pour la première fois, assistent à nos réunions, quelles études ont été faites dans les précédentes Sessions et quelle direction il semble à propos de leur donner à partir de ce moment.

« Mais un autre devoir s'impose tout d'abord à moi, devoir qui me sera très facile parce qu'il m'est en même temps très agréable , c'est de remercier, au nom du Congrès tout entier, l'administration municipale de cette ville, qui a mis à notre disposition, et pour nos collections de fruits de pressoir et pour nos séances, les salles de l'Hôtel-de-Ville. Cette bienveillante hospitalité constate suffisamment, Messieurs, l'utilité de vos travaux ; elle sera pour vous un encouragement à les poursuivre et à les compléter.

« Que la Société d'Horticulture et de Botanique de l'Oise reçoive également nos sincères remercîments pour avoir bien voulu seconder les travaux du Congrès en s'y associant, et pour nous avoir appelés aujourd'hui à Beauvais pour continuer en commun les études sur les fruits à cidre des départements. Les premiers documents recueillis par votre Compagnie, la plus nombreuse probablement de toutes les associations horticoles de la province, et probablement aussi la mieux organisée pour susciter et entretenir sur tous les points de votre circonscription la vie scientifique et le désir des perfectionnements pratiques, ces premiers documents, dis-je, déjà si considérables, et les nombreux et remarquables mémoires que votre appel a fait éclore sur toutes les questions qui ont trait au cidre considéré sous tous les aspects, nous donnent la confiance que cette Session du Congrès pour l'étude des fruits à cidre sera l'une des plus fructueuses.

« Si le retard dans la convocation des Sociétés adhérentes et des membres du Congrès nous fait craindre d'être privés de la coopération de collègues dont les connaissances nous eussent été d'une grande utilité, nous savons que nous en serons amplement dédommagés par la participation des membres de la Société de Beauvais, et spécialement par celle des habiles praticiens dont nous avons pu apprécier l'étendue des connaissances en parcourant les mémoires envoyés au concours.

« Dans les trois premières Sessions, le Congrès a étudié, classé par ordre de mérite et caractérisé par une description succincte, 170 pommes à cidre et 16 poires. Antérieurement, la Société d'Horticulture de la Seine-Inférieure avait étudié et décrit environ 180 pommes et 30 poires. De son côté, la Société de Beauvais a fait porter son examen sur près de 200 variétés de pommes à cidre. La présente Session va encore accroître le nombre déjà très considérable des fruits soumis à un premier examen et signalés à l'attention des cultivateurs et des associations agricoles et horticoles.

« Il semble que le temps est venu de réviser tous les travaux antérieurs, de soumettre à un nouvel examen, tant au point de vue de la nomenclature et de la synonymie qu'à celui de la qualité des fruits et de la fertilité des arbres, toutes ces variétés déjà étudiées, afin d'éliminer définitivement toutes celles dont le mérite est douteux ou nul, toutes celles dont les arbres péchent par le manque de vigueur, de rusticité ou de fertilité, afin de ne retenir sur nos listes et de ne recommander que les variétés de fruits capables de fournir une boisson en même temps abondante et de bonne qualité.

« Ce choix opéré, il restera à publier une description complète des variétés admises par le Congrès, en aidant à l'intelligence du texte par des dessins qui parlent aux yeux. Ceux-ci seront, ou un simple trait, ou des figures noires, ou même probablement des figures coloriées. La quotité de ressources dont on pourra disposer décidera, à cet égard, de ce qui sera fait.

« Quoi qu'il en soit, ce devra être une publication peu coûteuse afin qu'elle puisse devenir le manuel du cultivateur des fruits à cidre.

« Tel est, Messieurs, le but que se doit proposer le Congrès, et vous avez tous la confiance, j'en suis certain, qu'il l'atteindra aisément, car votre collaboration persévérante est acquise à une œuvre dont vous appréciez la haute utilité.

« Courage donc, Messieurs, et mettons-nous à l'étude avec un redoublement d'ardeur. »

ÉLECTION DES MEMBRES DU BUREAU. — Après cette allocution, les Membres présents ont voté, au bulletin secret, pour l'élection des Membres du Bureau, chargés de diriger les travaux de la Session. Le dépouillement du scrutin a donné les résultats suivants :

Président, nommé par acclamation, M. Charles DELACOUR, président de la Société d'Horticulture et de Botanique de Beauvais;

Vice-Président, M. MICHELIN, délégué de la Société centrale et impériale de France;

Secrétaire, M. Hippolyte RODIN, secrétaire-archiviste de la Société de Beauvais;

Secrétaires-Adjoints, M. d'ELBÉE, vice-président de la Société de Beauvais ;

M. LESACHER, trésorier de la Société de Beauvais.

ORDRE DES TRAVAUX. — Le Congrès, ainsi constitué, a décidé que, pour hâter ses travaux, il tiendrait chaque jour plusieurs séances publiques à l'Hôtel-de-Ville, à savoir: une séance à huit heures du matin, lundi, mardi, mercredi, jeudi; une deuxième lundi, mardi, mercredi, à une heure d'après-midi, dans le local de l'exposition, pour l'étude et la description des fruits; puis le Congrès tiendra une troisième séance chaque soir, à huit heures, pour examiner et discuter les diverses questions générales posées par le programme de la Session.

COMPTES DU TRÉSORIER. — M. Haudrechy fils, trésorier du Congrès, donne lecture de l'état des recettes et dépenses. Ce compte, déjà vérifié par le Conseil d'administration, et reconnu exact, est approuvé et décharge en est donnée au trésorier.

COTISATIONS NON PAYÉES. — Une discussion s'engage à propos des comptes du trésorier, et le Congrès décide à l'unanimité que, quand, au bout de l'année, des membres qui ont reçu les Bulletins n'auraient pas envoyé leur cotisation, ils seront rayés d'office de la liste des membres adhérents et qu'insertion sera faite au procès-verbal du motif de la radiation.

PUBLICATIONS DU CONGRÈS. — Le Président consulte l'assemblée pour savoir s'il ne serait pas convenable de mettre en vente les publications du Congrès, de telle sorte que le produit de cette vente vînt grossir l'avoir de la Société. Un membre fait observer que, le but du Congrès étant la vulgarisation des bonnes espèces de fruits, il est utile que tout le monde puisse les connaître et que, sous ce rapport, il est intéressant de faciliter l'achat des Bulletins ; mais comme ces derniers varient quant au nombre des feuilles, il faut fixer une somme constante pour la feuille. Le Congrès consulté vote la vente du Bulletin à raison de 25 centimes la feuille.

La Société de Beauvais s'inscrit aussitôt pour 12 exemplaires pour les envoyer à chacune de ses sections.

ADMISSION. — M. Louvel, instituteur à Rémalard (Orne), est admis sur sa demande écrite, comme membre adhérent au Congrès.

SESSION DE 1868. — Le Congrès s'occupe ensuite de fixer le lieu de sa prochaine Session de 1868, et décide qu'il se réunira à Saint-Lô, la Société d'Horticulture de cette ville ayant déjà, l'an dernier, réclamé la faveur de recevoir l'Association.

PUBLICATION DES MÉMOIRES COURONNÉS. — M. de Boutteville dit qu'il a lu avec attention les mémoires envoyés au concours ouvert à Beauvais, qu'il y en a de très remarquables, et qu'il serait intéressant pour le Congrès d'en publier quelques extraits. Le Président de la Société de Beauvais répond qu'à la Séance de novembre ou décembre de la Société aura lieu la distribution des prix, que le meilleur mémoire sera imprimé dans les Bulletins, et que la Société a l'intention de faire, à l'aide de ces divers mémoires, une publication spéciale, aussi complète que possible, mais, en attendant, le Président du Congrès peut en faire quelques extraits sans le moindre inconvénient.

DESCRIPTION DES FRUITS A CIDRE. — M. de Boutteville invite l'assemblée à émettre son avis sur les moyens de réunir les fonds nécessaires pour la publication successive que le Congrès se propose de faire de la description des meilleurs fruits à cidre. Cette publication, pour qu'elle ait toute l'utilité désirable, devra, comme il le disait tout-à-l'heure, être accompagnée de dessins, et, s'il est possible, de dessins coloriés.

Or, un tel ouvrage, même en se bornant à un nombre restreint de variétés bien choisies, exige des frais plus considérables que ne le permettrait le produit actuel des cotisations des Sociétés adhérentes et des Membres souscripteurs. Comment les Membres du Congrès pensent-ils qu'il devra être pourvu aux dépenses ? S'adressera-t-on, pour réunir les fonds nécessaires, aux Sociétés agricoles et horticoles des pays producteurs du cidre , ou aux Conseils généraux de ces départements, ou bien aura-t-on recours à quelqu'autre combinaison?

Un membre fait observer que l'un ou l'autre des deux modes indiqués pourrait s'appliquer suivant les départements et que, partout où les Sociétés seront fortes et unies, elles possèderont dans leur sein assez d'éléments pour faire par elles-mêmes, sans avoir besoin de s'adresser aux Conseils généraux, et que la Société de Beauvais, par sa vaste et sa puissante organisation, se trouve dans ce dernier cas.

RAPPORT DE M. LE Dr COLSON. — La première séance du soir, (le lundi 24) a été entièrement consacrée à la lecture et à la discussion du Rapport fait par M. le docteur Colson sur les mémoires envoyés au concours au sujet de l'*Action physiologique et hygiénique du Cidre.*

Cette discussion a donné lieu à diverses remarques et observations.

Ainsi, M. de Boutteville attire l'attention de l'assemblée sur le *Cuvage des cidres en vases clos* (procédé Mimard.)

La science prouve que, pendant la fermentation d'un liquide sucré, il se dégage une proportion de gaz acide carbonique en rapport avec la quantité de matière sucrée.

La température que produit le travail de la fermentation met en vapeur une fraction importante de l'alcool formé et, si la liqueur contient en dissolution une huile volatile qui doit lui donner du bouquet, la vapeur alcoolique entraînera la partie la plus notable de cette huile ; il y a donc déperdition de vapeur alcoolique et aromatique au préjudice de la liqueur fermentée, en conséquence, affaiblissement de cette liqueur. Ce n'est pas tout, ajoute M. Mimard : quand la fermentation est terminée, et cette fermentation dure toujours trop long-temps par le procédé en usage, l'air rentre dans le vase, le liquide en éprouve le contact, et il y a bientôt transformation d'une partie de l'alcool en acide acétique. Le liquide possède alors dans son sein une cause permanente et indestructible d'altération, qui ira toujours croissant. Le procédé de cuvage en vases clos, tel que le décrit M. Mimard, remédie à tous ces inconvénients et ne saurait être trop recommandé, puisqu'il évite ces malheureux effets et conserve à la liqueur toute sa force alcoolique et son arome.

Une phrase du Rapport amène une discussion au sujet du *Soutirage des cidres.* Les uns pensent qu'il est indispensable à la bonne conservation du cidre; d'autres membres ne partagent pas cet avis, mais tous sont d'accord pour le reconnaître indispensable pour les cidres qu'on doit transporter.

M. de Boutteville s'étonne de ne rencontrer dans aucun des mémoires envoyés au concours, un exposé complet du procédé de *fabrication des cidres par la macération,* qui offre de grands avantages de facilité, et dont le prix de revient est moins élevé en même temps qu'il occasionne une moins grande perte de temps.

L'assemblée écoute avec intérêt la discussion à laquelle donne lieu la lecture du remarquable rapport de M. Colson, puis les Membres présents font à M. de Boutteville la prière de vouloir bien consigner en notes marginales sur le mémoire de M. le rapporteur les observations que cette lecture lui a suggérées. M. de Boutteville se rend à cette prière et s'entend à ce sujet avec M. le docteur Colson.

Le lendemain, à la séance du soir, M. de Boutteville fait lecture des annotations qu'il a été prié de joindre au rapport de M. Colson. Ces annotations ont rapport: 1° au meilleur mode opératoire pour extraire le jus, 2° à la quantité de jus extraite par chacun des procédés usités; 3° à la question de savoir si le procédé de déplacement est susceptible de fournir un cidre assez concentré pour être introduit avec avantage dans les villes où cette boisson est frappée par les droits d'octroi; et 4° à la question du cuvage des cidres par le procédé de M. Mimard. — Les expériences comparatives que nécessite la solution de ces importantes questions sont vivement recommandées aux Membres du Congrès.

Une discussion s'engage entre les Membres au sujet de la fabrication du cidre.

Il résulte de cette discussion que le département de l'Oise est en retard sous ce rapport, et que la meilleure preuve à donner de cette assertion, c'est que des marcs de pommes les cultivateurs tirent encore une assez grande quantité d'alcool, ce qui indique que les pommes n'ont pas été épuisées dans la fabrication. Jusqu'alors, on ne peut cependant indiquer un mode de fabrication absolument parfait, on ne peut que suivre les conseils qui se trouvent résumés dans les ouvrages spéciaux.

Un membre demande quelle *quantité de pommes* il faut employer pour la fabrication d'un hectolitre de cidre. Les Membres du Congrès indiquent 5 hectolitres de pommes pour un hectolitre de cidre pur.

Un membre demande des renseignements sur la *greffe des vieux arbres*. Il lui est répondu qu'il faut couper les branches avant l'hiver à six pouces environ au dessus de l'endroit où l'on posera plus tard la greffe qui sera faite en couronne.

Par cette précaution, on évite la brusque perturbation que l'économie de l'arbre pourrait subir.

Le même membre désire savoir si le *pédoncule ligneux* du fruit n'est pas un signe caractéristique des bonnes variétés : on lui répond qu'il ne peut être posé de règle à ce sujet, mais qu'il est reconnu que les pommes à pédoncule long et mince tiennent mieux à l'arbre et redoutent moins les coups de vent.

Le Congrès est d'avis que le mélange le plus rationnel pour la fabrication du cidre, est d'y employer moitié pommes douces, moitié pommamères ou les deux tiers de celles-ci et le tiers de celles-là, selon l'abondance du principe qui caractérise chaque nature de fruits. Sur la demande d'un membre qui désirerait ne greffer qu'une *seule* espèce, on lui indique la variété de pommes appelée : *La Croix de Bouelle*, (de Neuchâtel), mais en reconnaissant que cet exclusivisme ne doit pas être encouragé.

On signale comme bonnes variétés, les pommes : *Sonnette, Barillet, Mussette, Pigeon doux, Gros amer doux, Raillet doux, etc.*

RENOUVELLEMENT DES MEMBRES DU CONSEIL D'ADMINISTRATION. — M. de Boutteville expose à l'assemblée, qu'aux termes de l'article 5 des statuts du Congrès pour l'étude des fruits à cidre, les membres du Conseil d'administration sont nommés pour trois ans, et qu'ils doivent être renouvelés par tiers chaque année, que déjà l'an dernier il a été procédé au renouvellement d'une première série de six Membres, et qu'il doit être procédé, dans la présente session, au tirage au sort des six membres qui doivent cesser leurs fonctions ; et à l'instant il dépose sur le Bureau douze bulletins contenant le nom de chacun des anciens Membres du Conseil d'administration.

Il a ensuite annoncé qu'il allait plier ces bulletins d'une manière uniforme, et les placer dans une urne d'où ils seraient successivement extraits, que les six premiers noms qui sortiraient composeraient la série des Membres à renouveler cette année.

Et tout de suite les formalités ci-dessus détaillées ont été remplies, et l'urne ayant été préalablement agitée, M. le Président en a extrait successivement les noms dans l'ordre suivant :

MM. BAYEUX, Président de la Société centrale d'Horticulture de Caen ;

Le comte d'ESTAINTOT, ancien Président de la Société impériale et centrale d'Horticulture de la Seine-Inférieure ;

SIRODOT ;

HAUDRECHY fils ;

FAUCHET, Président de la Société d'Agriculture de la Seine-Inférieure ;

NICOLLE père.

M. le Président a ensuite annoncé qu'il allait être procédé par voie d'élection au remplacement des Membres de cette deuxième série.

L'unanimité des suffrages ayant été donnée à MM. BAYEUX, comte d'ESTAINTOT, HAUDRECHY, FAUCHET, NICOLLE père et à M. d'ELBÉE, Vice-Président de la Société d'Horticulture et de Botanique de Beauvais, M. le Président les a immédiatement proclamés Membres du Conseil d'administration du Congrès pour l'étude des fruits à cidre, pour une période de trois années.

Le Secrétaire de la session,   *Le Président,*

HIPPOLYTE RODIN.   CH. DELACROIX.

Le Secrétaire-Adjoint,

E. LESACHER.

APPENDICE.

De la Fabrication et de la Conservation du Cidre.

Extrait du Mémoire de M. Hauchecorne, couronné par la Société
d'Horticulture et de Botanique de Beauvais (1).

On fait usage du cidre dans toutes les contrées du globe, mais il est, sans contredit, la boisson populaire des habitants de la Normandie et de la Picardie.

Préparée avec soin et conformément aux préceptes de l'art, cette boisson est saine, tonique, agréable, éminemment rafraîchissante et puissamment digestive.

Malheureusement, dans beaucoup de ménages, le cidre est loin d'offrir les qualités bienfaisantes qui lui sont propres; ce n'est que trop souvent un liquide à peine potable, dont le goût rappelle celui du vinaigre étendu dans l'eau et que, seuls, les estomacs franchement rustiques peuvent supporter sans être incommodés.

Cependant, il n'y a pas de boisson qui soit plus facile à fabriquer; elle possède en outre l'avantage d'exiger peu de soins pour assurer sa conservation. A quoi faut-il donc attribuer l'infériorité notoire de la plupart des cidres?

Elle paraît trouver son explication naturelle dans la négligence ou l'oubli qu'on apporte en général à remplir certaines conditions que la théorie et la pratique ont jugées indispensables pour obtenir un cidre salubre et de bonne garde.

(1) L'excellent travail auquel nous sommes heureux de pouvoir faire cet emprunt a été publié en entier dans le Bulletin de la Société d'Horticulture de Beauvais, du mois de décembre 1867, où il est suivi d'un intéressant rapport de M. le Dr Colson, sur les mémoires envoyés au Concours ouvert par cette Compagnie savante, sur le cidre considéré au point de vue hygiénique.

FABRICATION DU CIDRE.

Le cidre de bonne qualité est celui qui se présente limpide, clair, d'une belle couleur ambrée, d'un goût piquant et agréable, sans mauvaise odeur et sans acidité.

Mais, comme il est assez rare de le rencontrer dans cet état, et que nous serions fâché qu'on nous supposât l'intention de donner ici une définition de fantaisie, nous allons indiquer succinctement les moyens auxquels il est convenable de recourir pour avoir de la boisson qui soit constamment bien préparée.

Personne n'ignore que les variétés de *pommes à piler* ou à *brasser* sont très nombreuses et divisées, à défaut d'une nomenclature exacte, en *trois* grandes *classes* qui tirent leurs caractères distinctifs de l'époque de maturité des fruits et comprennent chacune des *espèces acides, douces* et *amères.*

La première classe se compose des *pommes de première saison,* dites précoces ou tendres, parmi lesquelles on place le Blanc-Mollet, le Girard, l'Amer-Doux, le Rouge-Bruyère, le Doux-à-l'Aigniel ou Belle-Fille, ou Vagnon, etc.

Le jus de ces fruits, quoique assez sucré, est néanmoins sensiblement acide; il marque à l'aréomètre ou pèse-sels, 5 degrés; il fournit un cidre assez agréable au goût, mais qui ne donne guère à la distillation plus de six pour cent d'alcool à 50 degrés centésimaux; il supporte peu d'eau et se conserve difficilement une année sans passer à l'aigre.

Une seule variété, le Doux-à-l'Aigniel, fait exception à ces conditions; elle jouit de toutes les qualités attribuées aux cidres de deuxième saison.

On trouve dans la seconde classe les *pommes de deuxième saison,* dites moyennes ou intermédiaires, désignées dans les campagnes sous les noms de Gros-Fresquin, de Doux-Evêque, de Rouget, etc.

Le cidre qu'on obtient de ces variétés renferme huit pour cent d'alcool à 50 degrés; sa belle couleur ambrée et la délicatesse moëlleuse de son goût le font rechercher particulièrement pour la mise en bouteilles.

La troisième classe comprend les *pommes de troisième saison,* dites tardives ou dures.

C'est à cette série, dans laquelle on rencontre les pommes amères et âcres au goût, qu'appartiennent la Peau-de-Vache, la Bédane, le Marin-Anfray ou Ameret, la Germaine, la Glane-d'Oignon, etc.

On estime les *fruits de troisième saison* comme les plus précieux pour la fabrication des *gros cidres;* ils fournissent un suc dont la densité aréométrique oscille entre 9 et 12 degrés, suivant la nature des pommes employées.

Le cidre obtenu des pommes tardives est, en général, supérieur en qualité aux précédents ; s'il est moins agréable au goût et moins délicat que celui des fruits de deuxième saison, il faut cependant lui rendre cette justice qu'il cède à la distillation douze pour cent d'alcool à 50 degrés et peut se conserver plusieurs années sans altération sensible.

Lorsqu'on est fixé sur le point de savoir si l'on brassera des pommes de première, de seconde ou de troisième saison, il est bon de se renseigner sur la *nature du crû* ou terrain qui a nourri les fruits dont on a projeté de faire sa provision, car on sait depuis long-temps que les arbres mal orientés, plantés dans les vallées ou les terres humides ou très-calcaires, ou encore dans celles qui reçoivent des engrais animaux, donnent des fruits peu chargés de principe sucré, et, par suite, des cidres fades, à goût de terroir et d'une prompte altération ; tandis que les arbres exposés au sud et au sud-est, qui croissent sur les coteaux amendés par des composts à base végétale, assis sur une couche sablo-argileuse pourvue de fragments de silex, dit pierre à fusil, fournissent au contraire un cidre délicat, savoureux, et qui se conserve parfaitement.

Tout le monde s'accorde également à reconnaître *qu'il est nécessaire d'assortir les fruits,* parce qu'on fait rarement d'excellent cidre avec une seule espèce de pommes.

L'assortiment consiste à choisir des variétés dont l'époque de maturité soit exactement la même, et à les mélanger, quant à la saveur, dans des proportions qui permettent de corriger les défauts des unes par les qualités des autres.

Ainsi :

Les pommes acides ou sûres rendent beaucoup de jus, mais il est léger et donne un cidre sans force d'un goût peu agréable et sujet à noircir en présence de l'air.

Les pommes douces produisent peu de jus sans addition d'eau ; elles fournissent un cidre clair et agréable tant qu'il est sucré, mais qui devient amer et plat lorsque la fermentation est terminée.

Les pommes amères et âcres donnent un jus très dense, coloré, qui fermente longuement et produit un cidre généreux susceptible d'une longue conservation.

Malheureusement, la règle qui préside au mélange ou assortiment des variétés, n'obéit pas à une cause unique ou loi fixe ; elle subit, outre l'influence du goût, celle de la nature du sol, de l'exposition et de l'âge des arbres, de sorte qu'il est bien difficile de la formuler en termes précis et invariables ; on devra donc se conformer, à cet égard, aux usages des localités où croissent les fruits qu'on a l'intention de brasser (1).

Il est de la plus haute importance encore d'*employer des fruits arrivés à maturité complète*, et de ne pas brasser pêle-mêle les fruits sains et les fruits pourris, ou ceux qui sont trop mûrs, comme ceux qui ne le sont pas assez, l'expérience ayant démontré que la force et la bonté des cidres sont en raison directe de l'état de maturation des pommes, ou, pour mieux dire, de la proportion de sucre qu'elles contiennent.

En effet, les pommes, avant leur maturité réelle, ne renferment pas, à beaucoup près la quantité de principe sucré que la maturation y développe aux dépens des autres parties constituantes du fruit. Prises ensuite trop mûres, le sucre est à peu près détruit par un commencement de fermentation qui s'est opéré dans le fruit même. Il est donc bien essentiel d'avoir des pommes mûres à point, ce dont on s'aperçoit à leur changement de couleur, à de petites taches qui

(1) Nous avons cherché à nous rendre compte si la préférence exclusive accordée à cinq ou six variétés de pommes, par les fabricants de gros cidre, était le fait d'un préjugé, d'un caprice, ou le résultat d'observations judicieuses.

Voici ce que l'analyse nous a révélé à ce sujet : nous avons trouvé dans le jus des pommes de Bedane, de Germaine, de Glane-d'Oignon, moins de mucilage ou gomme, mais plus de glucose ou sucre vrai que dans le jus de la Peau-de-Vache et du Marin-Anfray. D'un autre côté, ces dernières et trois ou quatre variétés qui s'en rapprochent, nous ont fourni plus de mucilage et moins d'acide malique libre.

Ne serait-ce pas à l'assimilation parfaite et aux justes proportions de sucre, de mucilage et d'acide malique qu'on devrait attribuer la qualité supérieure du produit obtenu par le mélange de ces variétés de pommes ?

leur viennent à la peau et à l'odeur éthérée, piquante et agréable qui s'en dégage.

Les travaux de MM. Couverchel et Bérard sont venus confirmer, d'une façon éclatante, l'exactitude de cette règle et prouver, par l'analyse chimique, que les *fruits verts* renferment environ 6 0/0 *de sucre*, les *fruits mûrs* 12, les *fruits blets* 8, quand les *fruits pourris* en offrent seulement *des traces*.

Ne suffirait-il pas d'indiquer ces chiffres pour condamner sans appel ce fameux préjugé, trop accrédité de nos jours encore, que les pommes pourries améliorent la qualité du cidre, si l'on ne savait déjà que de pareils fruits donnent un suc aqueux et insapide qui communique au jus des bons fruits un goût détestable de pourri que rien ne peut faire disparaître.

Les pommes qui ont subi les atteintes de la gelée ne valent guère mieux que les pommes pourries ; elles éprouvent de ce fait une désorganisation partielle, et deviennent impropres à la fermentation alcoolique.

Lors donc que les fruits sont mûrs à point et mélangés dans les proportions convenables, *on les écrase*.

Cette opération doit toujours s'effectuer *à l'aide d'un moulin à noix* ou à cylindres crénelés, qui concasse les pommes et divise la chair du fruit, ou parenchyme, sans le mettre en bouillie.

Une fois les pommes broyées, il convient de ne point se hâter d'en extraire le jus. Il est même nécessaire, si l'on veut avoir une boisson parfaite, de laisser *macérer* ou *cuver la pulpe* au contact de l'air, pendant douze à quinze heures ; en voici la raison : le suc des pommes, comme tous les sucs végétaux qui contiennent du mucilage sucré, renferme une proportion notable de matière azotée fermentescible ; mais pour que cette matière éprouve la modification qui la rende propre à convertir le sucre en alcool, il lui faut absolument le contact de l'air, puisque, suivant les expériences de Gay-Lussac, les sucs sucrés ne subissent aucun changement dans le vide ou dans des gaz autres que l'air, tandis qu'il suffit d'une très petite quantité de ce dernier pour rompre aussitôt l'équilibre de leurs éléments.

Le cuvage est donc indispensable ; il a pour effet d'établir un commencement de fermentation qui détermine le gonflement et la rupture des cloisons du fruit qu'ont épargnées les noix du moulin ; il développe en outre, dans la pulpe, une matière colorante rouge-brun, soluble dans le jus, et facilite celui-ci à s'imprégner du parfum de la pomme.

Il est bon, cependant, de *ne pas prolonger la macération* au-delà du temps indiqué, dans la crainte de perdre une certaine quantité d'alcool naissant, entraîné par l'acide carbonique qui se dégage de la cuvée.

On peut *extraire le jus* d'après *deux méthodes* : la plus suivie consiste à porter le marc sur le parquet d'un pressoir et à l'y disposer en une motte formée de plusieurs couches, que séparent entre elles des tissus de crin ou plus ordinairement des lits très-minces de paille propre et sans odeur ; on laisse égoutter cette motte et on la soumet à une *pression graduée* au fur et à mesure qu'elle se raffermit.

Le jus qui s'en écoule (s'il est mis à fermenter seul) devient le gros cidre ; puis, le marc étant humecté à deux reprises avec de *bonne eau*, et exprimé chaque fois, fournit le petit cidre. On obtient la *boisson des ménages* en faisant fermenter ensemble les jus réunis des trois expressions (1).

Tel est le procédé le plus usité, il est vrai, mais de beaucoup inférieur, selon nous, à la *méthode de déplacement*, surtout lorsqu'il s'agit de préparer une boisson offrant, au plus haut degré, les qualités hygiéniques qui en assurent la perfection.

Pour opérer selon cette méthode, il suffit d'avoir un ou deux tonneaux placés sur leur fond et percés, à la partie inférieure de leur parois latérales, d'une ouverture qu'une bonde en bois permet d'ouvrir ou de fermer, en même temps qu'une poignée de paille ou une petite claie en osier empêche les matières solides de s'y engager.

On dépose le marc dans ces tonneaux, on le tasse convenablement, et après un cuvage de douze heures, on enlève le bouchon pour livrer passage au liquide.

Le marc étant égoutté, on ferme l'ouverture, puis on verse de l'eau sur la pulpe de façon à l'imbiber, et quand elle a macéré pendant douze heures, on tire le jus de nouveau. On répète trois fois l'opération, en observant les mêmes délais ; seulement, il est d'usage de se servir du produit de la troisième macération pour effectuer la quatrième.

(1) Pour préparer six hectolitres de bonne boisson, on emploie communément neuf hectolitres de pommes de première saison, ou huit de pommes de deuxième ou de troisième saison.

Certes, il est difficile d'imaginer rien de plus simple, ni de plus commode, ni d'aussi peu dispendieux que cette manipulation. Il n'est personne, en effet, qui ne puisse se procurer une cuve ou une barrique ouverte à l'un de ses bouts. Dans les familles où le chef est retenu, pendant le jour, aux travaux de l'usine ou de l'atelier, et ne dispose que de courts instants, ce procédé devient précieux ; il exige peu de place et de temps, puisque tout se réduit à soutirer quelques seaux de jus et à les remplacer par une égale quantité d'eau, de douze en douze heures. Mais là ne se bornent point ses avantages ; et à l'économie de la main-d'œuvre, il joint la supériorité du produit obtenu, comme on va en juger par l'explication suivante :

Le suc des pommes, à quelques variantes près dans les proportions de trois ou quatre de ses éléments, est composé :

De beaucoup d'eau,

D'une petite quantité de glucose ou sucre mamelonné,

D'albumine, de gluten ou matière azotée fermentescible,

D'une matière colorante particulière,

De traces d'acide pectique et gallique,

De malates de potasse et de chaux,

D'un principe extractif amer qui paraît résider principalement dans la trame du tissu cellulaire et l'enveloppe du fruit,

D'acide malique libre,

Et de beaucoup de mucilage ou masse visqueuse et filante, ayant la plus grande analogie avec la gomme.

L'action d'une pression vigoureuse exercée sur la pulpe charge les sucs d'une grande quantité de débris de tissu cellulaire, outre le mucilage, l'albumine et le gluten ; ces débris déterminent, au sein du liquide, une fermentation très énergique, laissant après elle un fort dépôt de lie qui nécessite le soutirage immédiat du cidre, si l'on ne veut exposer celui-ci à devenir aigre et à contracter un goût désagréable.

On transvase donc le cidre, et il continue de fermenter, mais avec plus de calme, pendant trois ou quatre mois, après lesquels il est éclairci et bon à boire.

Tout autre est le résultat que procure la méthode de déplacement.

La pulpe soumise à l'effet d'un lavage répété se trouve épuisée, couche par couche, de toutes ses parties solubles dans l'eau ; elle cède entièrement à ce véhicule le sucre contenu dans les cellules du fruit,

8

le mucilage, l'albumine et la matière colorante brune qui s'est développée sous l'influence de l'oxygène de l'air, mais elle retient le tissu cellulaire ; aussi les jus fermentent sans tumulte, le sucre se transforme graduellement en alcool et acide carbonique qui se dissolvent dans la liqueur et fixent à leur tour l'huile essentielle ou parfum de la pomme : en moins de six semaines, la boisson est limpide, colorée, piquante et savoureuse, et le résidu qu'elle laisse est si minime qu'on peut se dispenser de soutirer le cidre sans nuire à sa conversation, surtout s'il doit être consommé dans l'année.

Aussitôt la *boisson éclaircie,* il faut *bonder les tonneaux* et les clore hermétiquement (1).

La fermentation est l'acte par lequel le principe sucré des jus de pommes perd l'état d'équilibre de ses atomes ; ceux-ci se groupent de manière à produire deux composés plus stables et plus intimes, l'acide carbonique et l'alcool. C'est à la présence de ce dernier qu'est due la coagulation de l'albumine, de la pectine et d'une partie du mucilage, qui se précipitent sous forme de caillebots dont la masse constitue les lies.

Le cidre, fait dans de bonnes conditions, renferme, indépendamment d'une grande quantité d'eau, de l'alcool, un peu de glucose et de mucilage, de la matière colorante combinée au principe extractif amer, beaucoup d'acide carbonique dissous, de l'acide malique libre, des malates de potasse et de chaux, et de l'huile essentielle.

Il est *très utile de veiller* à ce que les jus de pommes tiennent en suspension une quantité modérée de débris de *tissu cellulaire,* car il naît toujours d'une fermentation trop tumultueuse, de l'acide acétique aux dépens de l'alcool, et de l'acide succinique aux dépens de l'acide malique, deux productions très favorables à l'altération des cidres qu'elles tendent à faire passer à l'aigre.

(1) C'est à ce moment, et non avant, qu'il convient de mettre le cidre en bouteilles, si on désire l'avoir de toute première qualité.

On doit ajouter, par chaque bouteille, deux cuillerées à bouche de sirop préparé avec parties égales de sucre candi et d'eau pure, surtout si l'on emploie du cidre de ménage, qui est presque toujours préférable, dans cette circonstance, au gros cidre.

On sait, à n'en pas douter, que les bouteilles les plus convenables pour cette opération sont celles à col allongé ou façon champagne ; toutes celles qui sont à épaulement à la naissance du col ne peuvent résister à la pression du gaz carbonique. Il faut aussi les tenir constamment couchées ou le goulot en bas.

ALTÉRATIONS DU CIDRE.

Nous considérons comme étant de mauvaise qualité le cidre qui compte au nombre de ses éléments, une ou plusieurs substances capables de jeter le trouble dans les fonctions des organes digestifs.

Parmi les causes occasionnelles de l'*altération du cidre des ménages*, il en est trois qui doivent fixer particulièrement notre attention ce sont :

1° La fermentation défectueuse des sucs;

2° La qualité de l'eau dont on s'est servi ;

3° La propreté des fûts qu'on a employés.

I.

Il se trouve encore des personnes qui croient bien faire en écrasant les fruits le plus finement possible ; elles s'imaginent obtenir beaucoup plus de produit par cette méthode, qui ne fournit, en réalité, qu'un jus bourbeux assez difficile à exprimer, chargé de l'huile essentielle des pépins des pommes, fermentant toujours mal, et laissant un dépôt considérable de lie, quand il parvient à s'éclaircir.

On pense généralement que le *pépin écrasé* augmente la force du cidre, c'est une grave erreur ; il communique à la boisson un *goût âcre* et *désagréable*, voilà tout. Seulement, l'huile du pépin étant enivrante, on a pu confondre cet enivrement avec la force due à l'alcool en dissolution dans le cidre.

C'est dans la boisson préparée avec de semblable pulpe que se déclare souvent la *fermentation visqueuse*, parce que la matière azotée fermentescible, s'y trouvant plus divisée, devient trop considérable pour la quantité de glucose à alcooliser. Il s'opère alors de nouvelles combinaisons atomiques; elles donnent naissance à une matière mucilagineuse amorphe dont la composition peut être représentée par du carbone et de l'eau. Ce ferment est ordinairement accompagné d'une substance blanche et cristallisable, appelée mannite, susceptible de se dédoubler elle-même en alcool, en acide carbonique et en hydrogène.

La fermentation visqueuse tend également à se produire dans les jus qui manquent d'une bonne aération.

On se rappelle que la fermentation alcoolique ne peut s'effectuer régulièrement et complètement, si le liquide n'a pas le contact de l'oxygène de l'air atmosphérique ; or, dans les tonneaux où l'on verse le cidre au sortir des cuves, l'air ne peut pénétrer que par l'unique ouverture de la bonde, et c'est parfois insuffisant. Aussi serait-il utile de mettre fermenter les jus dans des vases largement ouverts jusqu'à ce que le travail tumultueux fût achevé, c'est-à-dire, au bout d'une semaine environ, après laquelle on soutirerait le cidre : on éviterait certainement la production de la matière mucilagineuse. Ce qui nous invite à regarder la *surabondance de ferment* et le *défaut d'aération* comme les *causes principales*, sinon les seules de fermentation visqueuse, c'est que nous n'avons jamais constaté cette altération dans le cidre préparé par la méthode de déplacement, tandis qu'elle se montre assez fréquente dans les sucs qui proviennent du pressurage.

Une autre cause nuit encore à la fermentation alcoolique ; elle résulte du peu de soins et de propreté apporté à la récolte et à la conservation des pommes.

Souvent elles se trouvent enduites ou mêlées de matières terreuses. Lorsqu'on met les fruits au pressoir, ces terres forment, avec l'acide libre de la pomme, des sels dont la présence s'oppose à la fermentation et à la clarification des boissons. Dans ce cas, le cidre est trouble, épais et d'un goût amer, comme il arrive quand sa fermentation est interrompue par un incident quelconque et spécialement par un refroidissement subit de l'atmosphère.

On ne devrait jamais boire ces sortes de cidres avant de les restaurer, car ils empruntent au ferment non coagulé qu'ils tiennent en suspension des propriétés fâcheuses qui réagissent sur les aliments soumis à l'action des sucs de l'estomac.

Ce sont eux qui *occasionnent* particulièrement les *flatuosités de l'estomac et des intestins*, en favorisant le développement d'une énorme quantité de gaz sur toute la longueur du tube intestinal.

Le *cidre doux*, c'est-à-dire celui qui tient l'état intermédiaire entre le moût de cidre et le cidre tout à fait fermenté, rentre absolument dans les mêmes conditions, il agit en outre comme laxatif ; c'est donc aussi une *mauvaise boisson*.

L'usage répandu presque partout est de ne pas mettre en bouteilles la boisson nécessaire à la consommation journalière du ménage et de tirer chaque jour à la même pièce. Il en résulte que le liquide, restant longtemps en vidange, éprouve la *fermentation acide,* et cela se comprend : la matière azotée fermentescible du cidre communique aux atomes de l'alcool l'état de combustion lente dans lequel elle se trouve elle-même ; mais l'équilibre des atomes étant dérangé, ceux-ci obéissent aussitôt à leurs affinités respectives : une partie de l'hydrogène de l'alcool s'unit à l'oxygène de l'air de la portion vidange de la pièce et forme de l'eau ; l'alcool, ainsi déshydrogéné, devient un corps nouveau désigné par M. Liébig, sous le nom d'aldéhyde. Cet aldéhyde jouit de la propriété d'absorber l'oxygène avec une très grande avidité, et il en soutire assez dans le vide du tonneau, pour passer successivement à l'état d'acide acéteux et d'acide acétique.

La fermentation acide se développe parfois avec une intensité si vive dans la boisson que celle-ci cesse d'être potable.

Le phénomène de l'acétification ne se produit pas seulement dans les barriques en vidange, il a lieu aussi dans les fûts pleins, notamment quand on a brassé des fruits gâtés ou détériorés d'une façon quelconque.

Beaucoup de personnes pensent encore que le cidre se conserve mieux sur sa lie, et qu'en le transvasant on le fait passer à l'aigre. C'est précisément l'opposé qui est vrai. On ne doit jamais laisser la boisson sur la lie, car l'expérience a démontré que la lie détermine la fermentation acide par la décomposition du ferment contenu dans le cidre.

De toutes les altérations que peut subir la boisson, *l'acétification est la plus insalubre et la seule qui soit réellement dangereuse.*

La première impression ressentie dans ce cas par la membrane muqueuse du canal digestif est une astriction prononcée qui gagne les autres tuniques de l'estomac, et ne tarde pas à y développer de l'inflammation à laquelle succède de la douleur.

Si l'on continue l'usage de la *boisson acide* pendant un certain temps, les *effets* en deviennent *pernicieux* pour la santé. Elle occasionne des aigreurs, des maux d'estomac et des coliques intestinales très pénibles. Elle altère aussi l'émail des dents et paraît douée d'une certaine influence sur les helminthes. Mais rien ne saurait se comparer aux coliques que développe cette acidité chez les personnes qui n'ont pas l'habitude de boire du cidre bien paré ; l'estomac et les intestins sont convulsionnés si douloureusement, qu'on serait tenté volontiers de se croire empoisonné par un sel de plomb.

II.

La qualité de l'eau est d'une grande importance dans la préparation du cidre.

On sait qu'*une bonne eau doit être fraîche, sans odeur, limpide, sans saveur, dissoudre le savon, bien cuire les légumes secs et conserver sa transparence lorsqu'on la fait bouillir*.

De toutes les eaux potables, les meilleures assurément sont les eaux tombées de l'atmosphère et recueillies dans des citernes ou dans des mares qu'on a soin d'entretenir propres au moyen de curages fréquents. Après les eaux de pluie, viennent celles des fontaines jaillissantes, des sources, des rivières, et enfin celles des fleuves

On peut utiliser ces différentes eaux pour les besoins journaliers de l'alimentation, sans que leur emploi suscite aucun trouble dans l'économie animale ; il y a plus, c'est qu'on doit même préférer pour la boisson celles qui contiennent une petite quantité de sels calcaires, et en particulier de bi-carbonate de chaux. Les expériences de M. Boussingault ont établi nettement que la chaux des eaux potables concourt avec celle qui existe dans les aliments au développement du système osseux (1).

Mais il faut se garder d'attribuer de semblables propriétés aux eaux dites séléniteuses et aux eaux dormantes.

Les premières, comme les *eaux* de la plupart *des puits*, renferment une grande quantité de *sulfate de chaux* qui les rend très difficiles à digérer ; les secondes, comme les *eaux des mares*, salies par la *fréquentation des bestiaux* ou par les *infiltrations des fumiers*, accusent une odeur plus au moins fétide et repoussante, qui provient de la putréfaction des matières végétales et animales qu'elles tiennent en dissolution.

Nous ne comprenons pas, en vérité, que des hommes sensés et instruits aient osé affirmer que les eaux des mares pourries sont préférables aux eaux limpides et pures pour activer la fermentation des jus. Il est cependant aisé de concevoir que si leur présence détermine un mouvement de fermentation, ce ne peut être que celui de la fer-

(1) On se sert de la teinture alcoolique de bois d'Inde pour reconnaître la présence du bi-carbonate de chaux dans les eaux potables. La matière colorante jaune de ce bois passe au violet lorsque l'eau contient la plus faible trace de bi-carbonate de chaux. (Dupasquier.)

mentation putride; et si, par hasard, ces eaux sont un peu sulfatées, il s'opère, en outre, une décomposition de sulfate de chaux qui passe insensiblement à l'état de sulfure. Celui-ci rend la liqueur alcaline trouble et brunâtre; il entrave la fermentation alcoolique et donne naissance, plus tard, à de l'hydrogène sulfuré qui communique au cidre l'odeur nauséabonde caractérisant les déjections des ivrognes.

Les *eaux séléniteuses* et les *eaux des mares mal entretenues* sont donc tout à fait *impropres à la fabrication du cidre,* et nuisent essentiellement à sa qualité comme à sa salubrité.

III.

Lorsqu'une futaille vient d'être vidée, ce qu'il y a de mieux à faire, c'est de la laver à plusieurs eaux, de la laisser égoutter, d'y brûler environ deux centimètres de longueur de mèche soufrée par hectolitre de contenance, de la boucher fortement et de la garder ainsi jusqu'à l'époque du pilage. En opérant de la sorte, on sera toujours assuré d'avoir une très bonne pièce au moment du besoin.

Mais si les futailles dont on a besoin de se servir sont vides depuis longtemps déjà, il est nécessaire de les laver avec un lait de chaux et de les rincer ensuite à plusieurs eaux. S'il s'en trouvait dans le nombre qui offrissent l'odeur de moisi ou de pourri, il serait bon d'ajouter au lait de chaux quelques litres de poussière de charbon et de maintenir le mélange pendant vingt-quatre heures, en agitant le fût de temps à autre.

Dans le cas où ces moyens seraient insuffisants pour enlever toute trace de mauvaise odeur, il faudrait recourir à l'emploi du chlorure de chaux, à la dose de deux hectogrammes ou à peu près, délayés dans une dizaine de litres d'eau, par futaille de six hectolitres.

Le rinçage, à plusieurs reprises et à grande eau, est indispensable après l'usage de ces agents de désinfection.

On ne doit jamais entonner de boisson dans une barrique qui n'est pas absolument sans odeur, car le cidre y contracte promptement un goût désagréable, très persistant, qu'on ne peut lui faire perdre, ni par la fermentation, ni par les soutirages.

ÉTANT DONNÉ UN CIDRE HORS LE TYPE NORMAL, QUE CONVIENT-IL DE FAIRE POUR DÉTRUIRE SES PROPRIÉTÉS NUISIBLES ET LE RENDRE INOFFENSIF ?

Nous avons signalé dans le chapitre précédent la plupart des altérations que peut subir le cidre, nous indiquerons maintenant les moyens à mettre en usage pour remédier à ces inconvénients, qu'on devra toujours s'appliquer à éviter.

DU NOIRCISSEMENT.—Le cidre noircit ou se tue, c'est à dire passe de la couleur ambrée à une teinte plus ou moins brunâtre, lorsqu'il tient en dissolution une assez grande quantité de sels alcalins (chaux ou ammoniaque) pour saturer l'acide malique ; cette décomposition résulte souvent de l'emploi de mauvaise eau ou de futailles malpropres. Il est à supposer que, sous l'influence des alcalis existant alors dans le cidre, les matières extractives de celui-ci absorbent énergiquement l'oxygène de l'air et sont converties en principe colorant brun.

On restitue à la boisson, qui noircit, sa belle couleur blonde, en versant un litre d'eau additionnée de 125 grammes d'acide tartrique par pièce de 6 hectolitres.

On arrive au même but, en se servant d'un litre de fort vinaigre pour faire cesser l'alcalinité du liquide.

Le cidre préparé avec de l'eau légèrement ferrugineuse ou avec des fruits récoltés sur des terrains rougeâtres et ocracés est également sujet à brunir par le contact de l'air. Il contient une certaine proportion d'oxyde ferreux, qui passe à l'état de peroxyde et colore la boisson en brun noirâtre.

Il suffit alors de jeter dans le fût une poignée d'écorces de chêne rapées pour précipiter le sel de fer et rétablir la boisson. Cet inconvénient ne se présente pas quand on a eu soin de soufrer les barriques avant d'entonner le cidre.

DE LA VISCOSITÉ OU GRAISSE. — Le cidre, en perdant de la fluidité, devient filant et tourne au gras. Cette maladie guérit très bien par les astringents. Ainsi, il faut seulement 150 grammes de cachou pour coaguler le ferment de 6 hectolitres de liquide. On peut remplacer le cachou par 40 grammes de tannin ou 125 de noix de galle pulvérisée grossièrement, ou encore par 2 litres d'alcool. Les deux premières substances s'emploient dissoutes dans un litre d'eau; on se contente de délayer la noix de galle dans la pièce.

Du Cidre trouble. — La boisson est parfois lente à s'éclaircir ou à se parer, ce qui arrive dans les années pluvieuses, où les fruits mûrissent avec peine et sont peu riches en principe sucré. On remédie à ce défaut en ajoutant par fût de six hectolitres un kilogramme de cassonade ou sucre brut étendu dans huit ou dix litres de boisson déjà ancienne. La fermentation se ranime et le cidre se clarifie parfaitement en moins d'un mois.

Il est bon de se rappeler, à cette occasion, qu'on n'obtiendrait aucun résultat en suivant le procédé qui consiste à introduire des cendres ou de la craie dans la boisson qui fermente mal : on rend celle-ci alcaline, et on la prive de cette saveur aigrelette et piquante qui caractérise le bon cidre.

De l'Acidité. — On ne saurait être trop attentif à prévenir cette altération dont l'effet est de transformer le meilleur cidre en une boisson détestable.

On retarde cette maladie et quelquefois même on en évite le développement en usant de certaines précautions.

L'emploi de *fûts vides d'huile d'olives,* par exemple, capables de contenir la boisson nécessaire à la consommation du ménage pendant deux à trois mois, est des plus convenables, surtout si on perce le fût au milieu et au bas, en vue de recevoir deux cannelles et d'établir deux pièces dans une seule.

L'avantage de cette manœuvre est facile à comprendre; tandis qu'on vide la partie supérieure du tonneau par la cannelle du milieu, le liquide qui se trouve au-dessous est préservé de l'action altérante de l'air ; sa position est celle d'un liquide logé dans un fût bien clos, et l'on réduit ainsi de moitié le temps auquel la barrique doit rester en vidange.

Quand on n'a pas *d'huilières* à sa disposition, on y supplée en versant sur le cidre, par l'ouverture de la bonde, un litre d'huile d'olive, dès qu'on entame la pièce destinée à la consommation journalière.

Enfin, si l'on a oublié ou négligé de prendre ces mesures et que tout-à-coup l'acidité se déclare dans le cidre au point d'empêcher de le boire, on peut encore y porter remède, et voici comment : On introduit dans la carafe de service, une pincée de bi-carbonate de soude au moment de tirer la boisson. L'acide acétique est neutralisé, il se dégage de l'acide carbonique qui rend le cidre gazeux et le convertit instantanément en une boisson agréable et salubre. Le moyen est très simple et ne coûte presque rien (vingt centimes par hectolitre).

Les cidres une fois restaurés n'ont plus d'action fâcheuse sur les organes de la digestion et deviennent réellement inoffensifs, mais ils perdent à ce travail une partie de leurs qualités toniques et nutritives et ce serait commettre une grande erreur de comparer ces boissons raccommodées au cidre généreux et nourrissant qu'on obtient de sucs bien fermentés et bien conservés.

Yvetot, 11 Juillet 1867.

HAUCHECORE,
Pharmacien,
Vice-Président de la Société d'Horticulture d'Yvetot.

LISTE ALPHABÉTIQUE ET DESCRIPTIVE

DES

POMMES A CIDRE

MISES A L'ÉTUDE

Pendant la Session tenue à Beauvais au mois d'Octobre 1867.

NOTA. — Les numéros d'ordre qui précèdent les noms de fruits correspondent aux dessins exécutés pendant les séances et faisant partie des archives du Congrès.

223. Amer blanc *syn*. *de* **Blanc-Mollet.**— 1re saison. — Canton de *Marseille*. — Arbre vigoureux et fertile, à forme pyramydale ; fleurs et feuilles moyennes, floraison tardive. *Voir* **Ganette** n° 213.

227. Amer blanc dur. — Section de *Formerie*. — Paraît être un bon fruit, mais. pas assez mûr pour être dégusté avec chance de succès.

Renvoyé à la Société pour un nouvel examen.

220. — Amer doux ou **Saint-Riquin doux.** — 3e saison. — Arbre vigoureux et fertile, à forme pyramidale ; fleurs et feuilles grandes ; floraison tardive. — Fruit petit, rond, aplati, plus large que haut ; épiderme jaunâtre, pointillé de petits points gris et lavé de rouge carmin ; œil moyen, entr'ouvert, dans une cavité peu profonde, évasée et légèrement plissée ; pédoncule court, charnu, dans une cavité peu profonde, irrégulière, lavée et rayée de gris-roux ; chair blanc-jaunâtre, très ferme, demi-fine ; eau assez abondante, sucrée et fortement amère. — 5 points. — Cultivé à *Fontaine Levaganne*, Canton de *Marseille*.

228. Amer doux tendre. — Section de *Formerie*. — Non mûr, renvoyé à un examen ultérieur.

222. Amer à Grosse Queue, cultivée à *Ons-en-Bray*, et à *Aumesnil*; Renvoyé pour être examiné lors de sa maturité; paraît être un bon fruit.

264. Ameret, de *Formerie*; rejetée pour défaut de qualité. — Forme de Pigeon plutôt que celle d'**Ameret.**

168. Amer Gautier. — 3e Saison. — Arbre vigoureux, très fertile, à branches divergentes; feuilles moyennes, fleurs grandes, tardives; — fruit moyen, ovoïde, déprimé, plus haut d'un côté que de l'autre; épiderme jaunâtre, lavé et strié de gris foncé, quelquefois parsemé de taches brunes; œil moyen, entr'ouvert, dans une cavité très peu profonde, assez régulière, légèrement plissée; pédoncule très court, implanté dans une cavité très peu profonde, irrégulière et surmontée d'un mamelon; chair blanche, demi-fine, ferme, eau assez abondante, légèrement sucrée, amère et astringente. (Pomme dégustée avant sa maturité complète). — 3 points, sous réserve d'une étude nouvelle lorsque ce fruit aura atteint sa maturité.

Le cidre en bouteille, soumis à l'appréciation du Congrès, fabriqué avec cette pomme et sans eau, était d'une couleur ambrée, sans force, commençant à graisser bien que pressuré l'année dernière : ce cidre sera soumis à un nouvel examen dans la Séance prochaine.

Sur la demande de M. Léger, il est procédé à un nouvel examen de la pomme dite **Amère Gautier,** ainsi qu'à une seconde dégustation du cidre fourni par ce fruit.

Le Congrès persiste dans sa première décision.

206. Barbari à glane. — 3e saison. — *Synonymes*: **Monte en haut, Monte au ciel; Barbari montant; Glane doux; Pommier à glane; Glane d'oignons; Petit Barbari; Monte en haut doux; Monte en l'air verdinet; Longue greffe; Saint-Michel; Barbari à longues branches et de glane.** — Arbre très vigureux et fertile, à fleurs petites et tardives. — [Fruit petit, rond, légèrement ovoïde; épiderme vert-jaunâtre, parsemé de petits points gris, lavé et ponctué de rouge-carmin sur le côté du soleil; œil petit, fermé, dans une cavité peu profonde, régulière et plissée; pédoncule assez long, grêle, dans une cavité assez profonde, très-étroite et régulière.

Chair blanc-jaunâtre, ferme ; eau peu abondante, légèrement sucrée, un peu parfumée. — 3 points ; mais dégusté avant sa maturité. — *Canton de Méru.*

191. **Barbari gris.** Paraît analogue au **Barbari musqué**, bien que l'on dise que l'arbre diffère un peu ; c'est une variété sur laquelle le Congrès ne s'arrête pas à cause du peu de vigueur de l'arbre.

241. **Barbari Liége**, peu recommandable à cause de son peu de saveur ; (Ons-en-Bray).

190. **Barbari musqué** du Coudray. est le même que le **Barbari** d'Ons-en-Bray, le **Barbari** de Normandie déjà décrit dans les Bulletins de la Société de la Seine-Inférieure.— 4 points au lieu de deux qui ont été donnés à la première dégustation.

181. **Basset.** — 2e saison. – Terre argileuse. — Arbre productif, vigoureux, branches horizontales, feuilles larges. — Fruit rond, plus large que haut, à sommet déprimé, aplati à sa base et arrondi vers le sommet ; épiderme jaune-verdâtre, pointillé et marbré de gris-roux, lavé de rouge clair du côté du soleil ; œil moyen, fermé, à sépales saillants, dans une cavité peu profonde, irrégulière, plissée et bosselée ; pédoncule court, charnu, dans une cavité très profonde, assez régulière, lavée et marbrée de gris-roux ; chair blanche, ferme, demi-fine ; eau assez abondante, assez sucrée.—3 points.— Dégustée avant maturité.—*Gournay-en-Bray.*

259. **Basset du Coudray**, rejetée. — Mauvaise.

207. **Bedan.** —3e saison —Sol argileux.—Arbre très vigoureux et très fertile, forme deprimée. — Fruit moyen, ovoïde ; épiderme jaune-verdâtre, clair-semé de petits points gris-roux, légèrement lavé de rouge clair du côté du soleil ; œil moyen, entr'ouvert, dans une cavité peu profonde, irrégulière et plissée, peu évasée ; pédoncule court, ligneux, quelquefois charnu, dans une cavité profonde, irrégulière, lavée et rayée de gris-roux ; chair blanc-jaunâtre, ferme, demi-fine ; eau assez abondante, sucrée, légèrement parfumée.—4 points. –*Saint-Crépin, Montherlant.*

208. **Bedan de Chaumont**, différent du précédent ; sans valeur, rejeté.

260. Bedan rouge. — 2e saison. — Sol argileux, caillouteux. — Arbre de forme pyramidale , vigoureux, fertile.— Fruit petit, rond, déprimé, plus large à sa base qu'au sommet, plus développé d'un côté que de l'autre ; épiderme jaunâtre, lavé et ponctué de rouge carmin ; œil moyen, fermé, à sépales persistants, dans une cavité peu profonde, côtelée et plissée ; pédoncule de moyenne longueur, assez grêle, dans une cavité peu profonde, étroite et rayée de gris-roux ; chair blanche, ferme, demi-fine ; eau assez abondante, sucrée, légèrement parfumée et un peu amère.—3 points.—*Le Coudray*.

184. Bénard.—2e saison.—Sol argileux.—Arbre à forme divergente , vigoureux et fertile ; à fleurs moyennes , fin mai. — Fruit moyen , ovoïde-arrondi ; épiderme jaune-verdâtre , marbré de gris roux, et lavé de rouge clair du côté du soleil ; œil petit, fermé, dans une cavité assez profonde, irrégulière, et plissée ; pédoncule moyen, ligneux, dans une cavité assez profonde, régulière et lavée de gris-roux ; chair blanc-jaunâtre, demi-fine et demi-tendre ; eau assez abondante, sucrée et parfumée, très légèrement amère.—4 points.—*Gournay, Le Coudray et Chaumont*.

235. Berda.—Arbre vigoureux, fertile, de forme divergente, fleurs et feuilles moyennes, floraison tardive.—Fruit non mûr.— Renvoyé à un nouvel examen.

266. Bertin. — 2e saison. — Sol sableux. — Arbre de forme divergente, vigoureux, fertile. — Fruit petit et moyen , rétréci au sommet, plus développé d'un côté que de l'autre ; épiderme jaune-blanchâtre, légèrement lavé de carmin clair du côté du soleil, parsemé de points gris et quelquefois réticulé de même couleur ; œil petit, fermé, dans une cavité étroite, peu profonde, plissée et faiblement côtelée ; pédoncule mince , ligneux , implanté dans une cavité peu profonde, étroite , lavée de gris-roux à sa base ; chair blanche, assez ferme ; eau faiblement sucrée et amère, faiblement parfumée. — 4 points. *Ons-en-Bray*.

262. Bisannuelle, de *Formerie*, rejetée.

234. Blanc doux. — 2e saison. — Arbre généralement peu vigoureux, assez fertile, de forme divergente ou pyramidale ; fleurs et feuilles assez grandes ; floraison précoce. — Fruit moyen, ovoïde, plus développé d'un côté que de l'autre ; épiderme jaune-verdâtre, pointillé et marbré de gris-roux, quelquefois lavé et taché de rouge clair ; œil petit, fermé, dans une cavité peu profonde, irrégulière, plissée, légèrement bosselée ; pédoncule très court, charnu, dans une cavité très peu profonde, à fleur du fruit, bosselée, légèrement lavée de gris-roux ; chair blanc-jaunâtre, ferme ; eau assez abondante, sucrée, légèrement parfumée. — 3 points. — Cultivé dans les *communes de Boutavent, Bouvresse, Blargies, Mureaumont, Saint-Arnoult, Lannoy et Saint-Valery.*

177. **Blanc doux**. — 2ᵉ saison — Fruit ovoïde, moyen, diffère complètement du Blanc doux, apporté l'année dernière, qui est gros, rond et de 1ʳᵉ saison. — Ajourné pour nouvel examen.

231. **Blanc Leclerc**. — *Section de Formerie*, commune de *Mureaumont.* — Fruit non mûr. — A examiner de nouveau.

224. **Blanche amère**. — *Canton du Coudray.* — Fruit peu recommandable, quoique légèrement amer.

226. **Blanche amère**. — Section d'*Ons-en-Bray*. — Peu recommandable, n'est pas amère.

258. **Blanche hâtive** du *Coudray*, reconnue par le Congrès pour le **Blanc mollet** de Normandie.— Fruit qui a mérité 5 points.

210. **Bonde ou Seraine**. — Rejetée. — Insuffisance de qualité. — 2 points.

Le **Brulin**, présenté par la section de Chaumont, est un fruit roux, reconnu pour un **Doux Véret**, décrit sous le nº 212.

245. **Bonne douce** d'*Ons-en-Bray*. — Rejetée à cause de son acidité.

269. **Canada**. — 2ᵉ saison. — Arbre vigoureux et très fertile, pyramidal ; floraison précoce. — Fruit petit, déprimé, rond , plus développé d'un côté que de l'autre, légèrement côtelé ; épiderme lisse, brillant, jaune, lavé et rayé de carmin vif ; œil fermé dans une cavité peu profonde, plissée ; pédoncule charnu, très court, dans une cavité assez profonde, évasée, légèrement lavée de gris-roux ; chair blanche, tendre, demi-fine ; eau abondante, légèrement sucrée, fortement amère, légèrement astringente. — 4 points.— *Formerie.*

183. **Canouville**. — 2ᵉ saison.— Terre forte. — Arbre à branches verticales, feuilles petites, peu vigoureux , très fertile. — Fruit

moyen, cylindrique ; épiderme blanc-jaunâtre, ponctué et rayé de lignes courtes rouge-carminé clair, parsemé de petits points bruns ; œil moyen, fermé, à sépales droits, dans une cavité peu profonde, irrégulière, bosselée et plissée ; pédoncule très court, ligneux ou charnu, dans une cavité assez profonde, régulière et évasée, lavée de gris-roux ; chair blanche, fine, tendre ; eau assez abondante, sucrée, légèrement parfumée. — 3 points. — *Gournay-en-Bray.*

171. Cul Gris — 2ᵉ saison. — Fruit moyen, assez gros, pyramidal tronqué, assez fortement côtelé ; épiderme jaunâtre, semé de petits points gris saillants et de taches brunes, largement lavé de rouge clair sur le côté du soleil et marbré de gris dans cette partie; œil moyen, entr'ouvert, dans une cavité peu profonde, irrégulière et côtelée; pédoncule très court, charnu, dans une cavité assez profonde large, assez régulière, lavée et rayée de gris-fauve. — Chair blanc-jaunâtre, ferme, grosse ; eau assez abondante, sucrée, fortement amère. — 5 points. — *Monceaux l'Abbaye, canton de Formerie.*

198. Dameret de *Formerie.* — 2ʳ saison. — Synonyme de **Peau de Vache** ; très beau fruit, rejeté pour son acidité, mais pouvant être un bon fruit de marché : cette pomme n'est ni la **Peau de Vache**, ni le **Dameret** décrits précédemment par le Congrès.

185 — **Delaunay**. — Rejetée à cause de son acidité très prononcée.

195. D'Ente. — 2ᵉ saison. — Sol argileux. — Arbre à tête arrondie, très vigoureux, très fertile. — Fruit petit, pyramidal, côtelé; épiderme jaunâtre, très finement pointillé de gris-roux, lavé de rouge clair du côté du soleil ; œil petit, fermé, à sépales dressés, dans une cavité peu profonde, irrégulière, côtelée et plissée ; pédoncule court, charnu, quelquefois ligneux, dans une cavité peu profonde, régulière, légèrement rayée et lavée de gris-roux; chair blanc-jaunâtre, ferme, demi-fine ; eau assez abondante, sucrée, légèrement parfumée. — 3 points.

Ne pas la confondre avec une pomme du même nom de la Seine-Inférieure. — *Coudray Saint-Germer.*

221 Douce-Amère. — 2ᵉ Saison. — Synonyme de **Grosse Amère** à *Ons-en-Bray.* — Arbre vigoureux et très-fertile, à tête pyramidale ; feuilles et fleurs moyennes ; floraison en mai. —Fruit moyen, rond, légèrement pyramidal ; épiderme jaunâtre, parsemé de petits points et taches bruns ; œil moyen, fermé, dans une cavité profonde, assez régulière et plissée ; pédoncule très court, ligneux, dans une cavité peu profonde, régulière, lavée de gris-fauve ; chair blanc-jaunâtre, demi-fine, légèrement sucrée, et assez fortement amère. — 4 points. — Cultivée dans les *cantons du Coudray et de Chaumont et à Ons-en-Bray* sous le nom de **Grosse Amère**.

216. Douce Amère *de Chaumont*. — 2ᵉ saison. — Fruit sans amertume et peu sucré. Peu recommandable.

Douce Amère *du Coudray* — Pomme non mûre, renvoyée à un nouvel examen.

199. Douce Morel. — 3ᵉ saison. — Fruit moyen, rond, déprimé, légèrement côtelé ; épiderme jaunâtre, rayé et lavé de rouge sur le côté du soleil, et marbré de gris-roux sur toute sa surface ; œil moyen, entr'ouvert, dans une cavité assez profonde. irrégulière ; pédoncule court, ligneux, dans une cavité profonde, assez régulière, lavée de gris fauve ; chair blanc-jaunâtre, ferme, demi-fine ; eau abondante, sucrée, légèrement parfumée. — 3 points. — Connu à Beauvais sous les noms de **Peau de Vache**, **Douce Morel**, mais différent de **Douce Morel** et de la **Peau de Vache** décrits, au nº 93, par le Congrès.

192. Doux d'Alicante. — 2° saison. — Sol argileux. — Arbre déprimé un peu, vigoureux et fertile. — Fruit petit, rond, déprimé, plus élevé d'un côté que de l'autre ; épiderme verdâtre, presque entièrement lavé de gris-roux et teinté de carmin ; œil petit, fermé, dans une cavité très peu profonde, irrégulière et très bosselée ; pédoncule court, charnu, gros, dans une cavité très peu profonde, quelquefois mamelonnée ; chair jaune-verdâtre, ferme, demi-fine ; eau suffisante, sucrée, peu parfumée, un peu amère. — 4 points. — *Coudray, Saint-Germer*.

212. Doux Véret. — Gros fruit, assez colorié de carmin, acide. Rejeté. — *Noailles*.

239. Gannet *du Coudray*. — 2ᵉ saison. — Sol argileux. — Arbre pyramidal, vigoureux et fertile. — Fruit petit, rond-pyramidal, plus large que haut ; épiderme jaunâtre, parsemé de petits points rouges, légèrement lavé de rouge clair ; œil petit, entr'ouvert, dans

9

une cavité peu profonde, irrégulière, plissée, légèrement lavée de gris-roux; pédoncule très court, charnu, disposé dans une cavité assez profonde, régulière, lavée et rayée de gris-roux; chair blanc-jaunâtre, ferme, demi-fine; eau assez abondante, sucrée et amère. — 3 points. — *Le Coudray.*

270. **Gannet** *d'Ons-en-Bray*, renvoyé à l'examen, pour défaut de maturité.

213. **Ganette** à *Noailles*, reconnu identique avec le **Blanc-Mollet** de la Seine-Inférieure et de l'Orne; déjà décrit. Sur la dégustation faite aujourd'hui, le Congrès décide que ce fruit mérite 5 points.

Ce fruit est reconnu identique au **Blanc-Doux** de *Bouvresse* (*Formerie*) et à l'**Amer blanc** de *Marseille.*

243. **Grise-Eponge** *du Coudray*, renvoyée à la commission, à cause du défaut de maturité.

238. **Gris yeux**. — Section d'*Ons-en-Bray*. — Fruit sans saveur. Peu recommandable.

201. **Gros Barbari rouge**, à *Méru* — 2e saison. — *Syn.* **Doux-Véret** à Marseille. — Fruit très-gros, rejeté pour la fabrication du cidre. — Susceptible d'être mangé cuit.

248. **Gros bel œil**, d'*Ons-en-Bray*; Pomme ménagère, peut être bonne cuite.

229. **Gros doux-amer**. — Section d'*Ons-en-Bray*, gros fruit sans saveur, quoique en maturité.

240. **Gros Gannet** *du Coudray*, reconnu pour être le **Blanc-Mollet** de la Seine-Inférieure. Déjà décrit.

173. **Gros muscadet.** — 2e saison. — Sol argileux. — Arbre très vigoureux et très fertile, à branches divergentes, pyramidales; fleurs et feuilles grandes, floraison en mai. — Fruit moyen, aplati, plus haut d'un côté que de l'autre; épiderme jaune pâle, lavé sur presque toute sa surface de rouge carminé, et rayé de rouge plus foncé; œil moyen, fermé, dans une cavité peu profonde, irrégulière et côtelée; pédoncule très court, ligneux, dans une cavité profonde, régulière, lavée de gris-fauve; chair blanche, légèrement jaunâtre, ferme; eau abondante, très sucrée et parfumée. — 5 points. — Cultivé dans les *cantons de Songeons, Marseille, Grandvilliers et Formerie.*

187. **Gros orgueil**, rejeté pour défaut de qualité.

227. **Gros yeux.**—Section du Coudray.— Non mûr. Renvoyé à un examen ultérieur.

236. **Gros yeux.**—*Ons-en-Bray.* —Fruit non mûr. Renvoyé à un nouvel examen,

180. **Jaunet**. — 2ᵉ saison. — Terre forte, arbre productif, vigoureux, moyen, à bois noueux et branches divergentes. — Fruit rond, petit, légèrement ovoïde; épiderme jaunâtre, pointillé de petits points roux, marbré de roux; œil moyen entr'ouvert, dans une cavité peu profonde, régulière et plissée; pédoncule court, ligneux, dans une cavité assez profonde, régulière, lavée et marbrée de gris-roux; chair blanche, demi-fine, ferme; eau assez abondante, sucrée, légèrement parfumée. Très estimé dans le pays. — 4 points. — *Gournay-en-Bray.*

217. **Jaunet**, de *Bresles*, diffère de celui de Gournay, et est de qualité inférieure.

209. **Le Chevalier** — 3ᵉ saison. — Sol argileux. — Arbre vigoureux et fertile, déprimé. — Fruit petit ou moyen, rond, plus large que haut et assez fortement aplati vers la base; épiderme jaunâtre, parsemé de petits points gris, teint légèrement de rouge clair du côté du soleil; œil moyen, fermé, dans une cavité peu profonde, régulière et plissée; pédoncule de moyenne longueur, grêle, ligneux, dans une cavité étroite, peu profonde, lavée et rayée de gris-roux; chair blanc-jaunâtre, demi-ferme, demi-fine; eau assez abondante, un peu sucrée, peu parfumée et peu astringente. Dégusté avant maturité. — 3 points. — *Canton de Chaumont.*

179. **Margot.**— Syn. **Margot doux, Margot gris, Margot de Lavacquerie, Margot de Saint-Maur, Margot vert, Margot jaune.** — 2ᵉ saison. — Arbre vigoureux et fertile, à tête pyramidale; feuilles et fleurs plutôt grandes que moyennes; floraison en mai. — Fruit moyen, pyramidal, fortement tronqué à sa base; épiderme vert-jaunâtre, lavé et strié de gris-roux; œil moyen, ouvert, dans une cavité très peu profonde, légèrement côtelée et plissée; pédoncule très court, ligneux, dans une cavité assez profonde, lavée et striée de gris-roux. Chair blanche, très ferme, demi-fine; eau assez abondante, sucrée, très légèrement amère.

— 3 points. — *Communes de Songeons, Morvillers, Thérines, Grand-villiers, Mureaumont, Saint-Arnoult, Blargies, Saint-Maur, La-vacquerie.*

Cette pomme a de la ressemblance avec la pomme Sonnette de la Seine-Inférieure.

233. Monsieur Blanc. — 2ᵉ saison. — Arbre très vigoureux et fertile, à branches divergentes-pyramidales; feuilles moyennes, fleurs grandes; floraison en mai. — Fruit rond, déprimé, aplati vers la base et plus développé d'un côté que de l'autre; épiderme jaune-verdâtre, parsemé de petits points gris-roux, lavé légèrement de rouge-clair; œil grand, ouvert, à sépales persistants, dans une cavité assez profonde, irrégulière et plissée; chair blanc-jaunâtre, ferme; eau assez abondante, sucrée, amère. — 4 points. — *Fontaine Lavaganne, Loueuse et Morvillers.*

234 bis. Monsieur Blanc. — 2ᵉ saison. — Section de *Formerie*, diffèrent de **Monsieur Blanc** du canton de *Marseille*, nᵒ 233.

218. Monte-en-Haut à Bresles, reconnu pour être le **Barbari à Glanes**, décrit sous le nᵒ 206.

246. Morgène doux d'*Ons-en-Bray*, 2 points.

182. Orgueil. — 3ᵉ saison. — Arbre très vigoureux, à tête arrondie, produisant tardivement, fertile dans les lieux couverts, rapportant tous les six ans sur les plateaux. — Fruit moyen, ovoïde, légèrement côtelé; épiderme jaune-verdâtre, parsemé de petits points gris, et lavé du côté du soleil de rouge-carmin très foncé; œil moyen, fermé, dans une cavité très peu profonde, légèrement bosselée et plissée; pédoncule court, ligneux, dans une cavité assez profonde, légèrement lavée et rayée de gris-fauve; chair blanc-jaunâtre, ferme; eau abondante, sucrée et parfumée. — 5 points. — Dégusté avant maturité, à comparer avec **Marin-Anfray.** — *Gournay-en-Bray.*

Le Congrès, à cause du peu de fertilité de cette pomme, croit ne pouvoir la recommander.

188. Orgueil normand. — Rejeté pour défaut de qualité.

200. Peau-de-vache. — 3ᵉ saison. — Arbre vigoureux, moitié divergent et moitié déprimé, assez fertile. — Fruit moyen, plus étroit vers le sommet qu'à la base; épiderme vert-jaunâtre, clair, parsemé de petits points gris-roux, lavé et rayé de rouge clair; œil moyen, ouvert, dans une cavité peu profonde, irrégulière, côtelée, légèrement plissée ; pédoncule court, ligneux, dans une cavité assez profonde, étroite et assez régulière, lavée de gris-roux ; chair blanc-jaunâtre, ferme, demi-fine ; eau assez abondante, sucrée, parfumée, légèrement amère. — 3 points. — Cantons de *Méru et de Chaumont* (*Oise.*)

Ce fruit est loin de sa maturité et il semble par sa forme, probablement aussi par ses qualités, se rapprocher de l'ancienne **Peau-de-vache** de la Normandie. L'arbre dans les terrains élevés est atteint du puceron lanigère.

205. **Petit Brulin.** — 2e saison. — Arbre peu fertile et peu vigoureux. — Fruit petit ovoïde ; épiderme blanc-jaunâtre, lavé et marbré de gris-fauve ; œil moyen, fermé, dans une cavité très peu profonde, assez évasée et plissée ; Pédoncule long, mince, ligneux, dans une cavité assez profonde, assez régulière et lavée de gris-fauve ; chair blanche, ferme, demi-fine ; eau assez abondante, sucrée, légèrement amère, un peu astringente. — 2 points, — à cause de son peu de fertilité. — *Canton de Méru*.

225. **Pomme amère.** — *Canton du Coudray*, peu recommandable.

230. **Pomme blanche.** — 2e saison. — Arbre vigoureux et fertile, à branches divergentes-pyramidales ; fleurs et feuilles moyennes ; floraison mai. — Fruit moyen, pyramidal, aplati vers sa base, légèrement côtelé ; épiderme jaune, parsemé de petits points gris, quelquefois lavé de rouge clair du côté du soleil ; œil moyen, fermé, à sépales persistants et longs, dans une cavité assez profonde, irrégulière et plissée ; pédoncule de moyenne longueur, ligneux, quelquefois charnu, dans une cavité étroite, peu profonde, lavée de gris-roux ; chair tendre, grosse ; eau abondante, sucrée et un peu parfumée. — 2 points. — Cultivé à *Grandvilliers* et dans les communes de *Manneville, Fleury, Loueuse, Morvillers, Lannoy, Saint-Valery, Ons-en-Bray* et dans les *cantons de Marseille et du Coudray*.

Il existe dans le canton de *Grandvilliers* une pomme connue sous le nom de **Caron** et à *Sully*, canton de *Songeons*, une pomme indiquée comme inconnue. Ces deux fruits, qui sont bons, paraissent ressembler à la **Pomme blanche**.

232. **Pomme blanche**, section de *Formerie* ; fruit non mûr ; à revoir.

263. **Pomme Choquet.**— 2ᵉ saison. — Fruit moyen, aplati, plus développé d'un côté que de l'autre ; épiderme jaune pâle, pointillé de gris-roux, lavé de rose au soleil ; œil moyen, entr'ouvert, dans une cavité irrégulière, peu profonde, bosselée et plissée ; pédoncule très court, charnu, enfoncé au sommet d'une cavité peu profonde, irrégulière, lavée et striée de roux-gris ; chair blanche, demi-ferme, un peu creuse ; eau assez abondante, sucrée, très légèrement parfumée. — 3 points. — *Formerie.* — Suivant le présentateur, cette pomme paraît avoir de l'analogie avec la pomme **Amère Normande** de Dubreuil.

245. **Pomme d'Anglais.** — 2ᵉ saison. — Sol argileux. — Arbre pyramidal, vigoureux et fertile. — Fruit moyen, rond, plus large que haut ; épiderme, jaune-verdâtre, parsemé de petits points et marbrures gris-roux ; œil moyen, entr'ouvert, dans une cavité assez profonde, irrégulière et plissée ; pédoncule de moyenne longueur, ligneux, frêle, dans une cavité profonde, étroite, régulière, lavée et rayée de gris-roux ; chair blanc-jaunâtre, demi-tendre, demi-fine ; eau assez abondante, très sucrée, légèrement parfumée. — 3 points. *Noailles.*

255. **Pomme d'Août** *du Coudray* ; renvoyée à l'examen à cause de son défaut de maturité.

211. **Pomme de Bonde.** — 2ᵉ saison. — Sol argileux. — Arbre vigoureux, fertile, déprimé ; floraison mi-mai. — Fruit moyen, pyramidal, aplati aux deux extrémités et rétréci à son tiers supérieur, quelquefois légèrement côtelé ; épiderme jaunâtre, parsemé de quelques petits points blancs sous-épidermiques, plus ou moins lavé de rouge clair du côté du soleil ; œil petit, fermé, dans une cavité étroite, évasée, plissée ; pédoncule court, ligneux et parfois charnu, dans une cavité étroite, assez profonde, légèrement colorée et rayée de gris-roux ; chair blanc-jaunâtre, ferme, demi-fine ; eau suffisante, sucrée, parfumée. — 4 points. — *Bresles et Caumont.*

254. **Pomme de Carlin** *du Coudray*. — Rejetée.

194. **Pomme de Thelle.** — Rejetée.

265. **Pomme d'école.**— 2ᵉ saison.— Arbre peu vigoureux et très fertile, à branches divergentes. —Fruit moyen, pyramidal-tronqué; épiderme vert, lavé de rouge brun au soleil, rayé de même couleur, parsemé de points roux; œil petit, entr'ouvert, dans un enfoncement superficiel et plissé, très légèrement côtelé; pédoncule court, ligneux, mince, inséré dans une cavité peu profonde, arrondie, colorée en gris qui s'irradie à la base du fruit; chair blanc-verdâtre, ferme, assez grosse; eau assez abondante, sucrée, un peu astringente.—Dégustée un peu avant maturité.—3 points. — *Formerie.*

196. **Pomme de côté; Reinette grise,** *à Marseille.*—2ᵉ saison.— Sol argileux, un peu caillouteux.—Arbre divergent, vigoureux, fertile.—Fruit petit, rond, plus large que haut; épiderme jaune-verdâtre, pointillé et marbré de gris-roux; œil petit, fermé, dans une cavité très peu profonde, assez régulière, légèrement plissée; pédoncule mince, de longueur moyenne, dans une cavité assez profonde, étroite, régulière, lavée de gris-roux; chair blanc-jaunâtre, demi-ferme, assez fine; eau assez abondante, sucrée, légèrement parfumée, peu amère.—5 points.—*Canton du Coudray.*

242. **Pomme-de-Liège,** *du Coudray;* renvoyée à la Commission à cause du défaut de maturité.

244. **Pomme d'Eponge,** *du Coudray;* peu de qualité au premier aspect, paraît mériter *deux points.*

193. **Pomme Desesquelle** — 3ᵉ saison. — Sol argileux. —Arbre divergent, vigoureux, très fertile. — Fruit petit, rond, aplati aux deux extrémités; épiderme jaunâtre, pointillé et marbré de gris-roux, lavé de rouge-brun clair du côté du soleil; œil moyen, fermé, dans une cavité assez profonde, irrégulière, côtelée; pédoncule de longueur moyenne (4 à 6 millimètres), dans une cavité assez profonde, irrégulière, parfois lavée et rayée de gris-roux; chair blanc-jaunâtre, demi-fine; eau assez abondante, sucrée, légèrement parfumée — 4 points. — *Gournay-en-Bray.*

257. **Pomme du Plard.** — 2ᵉ saison. — Terre forte. — Arbre à branches divergentes, très fertile, vigoureux; floraison précoce. — Fruit petit, rond; épiderme jaunâtre, lavé et rayé de rouge carmin; — œil moyen, entr'ouvert, dans une cavité peu profonde, régulière, à fleur du fruit, légèrement plissée; pédoncule de moyenne

longueur, ligneux, dans une cavité assez profonde, régulière et lavée de gris-fauve; chair blanc-jaunâtre, demi-tendre, demi-fine; eau abondante, sucrée, très légèrement parfumée, un peu amère. — 3 points. — *Ons-en-Bray.*

216. **Pomme Grise.** — 2ᵉ saison. — Sol argileux. — Arbre à branches déprimées, vigoureux et très fertile. — Fruit rond, déprimé, plus large que haut; épiderme jaunâtre, lavé, marbré et pointillé de gris-roux, légèrement nuancé de rose; œil moyen, fermé, dans une cavité assez profonde, côtelée et plissée; pédoncule court, ligneux, dans une cavité assez profonde, lavée et rayée de gris-roux; chair blanchâtre, tendre, assez fine; eau assez abondante, sucrée, assez parfumée. — 4 points. — *Noailles.*

268. **Pomme Juvecourt** de *Grandvilliers.* — 3 points.

204. **Pomme Normande.** — 3ᵉ saison. — Arbre très vigoureux et très fertile. — Fruit moyen, pyramidal, plus large que haut, rétréci à son tiers supérieur, légèrement côtelé; épiderme vert-jaunâtre, parsemé de points mats sous-épidermiques; œil moyen, fermé, dans une cavité peu profonde, plissée et côtelée; pédoncule de moyenne longueur, dans une cavité assez profonde, étroite et lavée de gris-roux; chair blanc-jaunâtre, demi-tendre; eau assez abondante, sucrée et amère. — 4 points. — *Canton de Méru.*

186. **Pomme orangée.** — 3ᵉ saison. — Sol argileux. — Arbre un peu déprimé, assez vigoureux, fertile. — Fruit moyen, rond, tronqué à sa base; épiderme jaunâtre, parsemé de petits points gris-roux; œil moyen, entr'ouvert, dans une cavité assez profonde, peu régulière, fortement plissée; pédoncule très court, charnu, dans une cavité assez profonde, régulière, lavée et rayée de gris-fauve; quelques exemplaires légèrement teintés de rouge du côté du soleil; chair blanc-jaunâtre, ferme, demi-fine; eau assez abondante, sucrée, légèrement parfumée. — 4 points. — *Cultivée dans le canton du Coudray.*

247. **Pomme Saint-Denis Court** *du Coudray*; rejetée.

253. **Pomme Seguin,** *du Coudray,* — reconnue par le Congrès comme **Pomme Sonnette** de la Seine-Inférieure; déjà décrite.

174. **Prévote ou Petit Muscadet.** — Syn. **Prévote verte, Prévote douce, Prévote rouge, Prévote Normande.** — 2ᵉ saison.

— Arbre vigoureux et fertile, à branches divergentes-pyramidales ; feuilles plutôt grandes que moyennes, fleurs moyennes ; fleurissant en mai. — Fruit petit, rond, légèrement aplati vers sa base, plus haut d'un côté que de l'autre ; épiderme jaunâtre, lavé de rouge carmin sur le côté du soleil, marbré de gris ; œil moyen, entr'ouvert, dans une cavité assez profonde, irrégulière, légèrement plissée, lavée de gris ; pédoncule très court, dans une cavité peu profonde, régulière, lavée de gris-fauve. Chair fine, serrée, blanc-jaunâtre, ferme ; eau assez abondante, sucrée et légèrement parfumée. — 4 points. *Communes de Launoy, Cuillère, Saint-Valery, Blargies, Héricourt-Saint-Samson, Saint-Arnoult, Mureaumont, Bouvresse, du canton de Formerie et dans quelques localités des cantons de Marseille et Grandvilliers.*

A Gerberoy, Wamber et une partie du canton de Songeons, on cultive dans un sol calcaire, sous le nom de **Puveau**, une pomme qui n'est autre qu'une **Prévôté**.

250. **Rayée rouge**, d'*Ons-en-Bray* ; la même que la **Saint-Martin** de Roncherolles, qui a aussi pour dénominatif : **Rayée rouge**. — Déjà décrite dans les Bulletins de la Seine-Inférieure. — A mérité 5 points.

251. **Rayée rouge** *du Coudray* ; sans analogie avec la précédente (**Rayée rouge** d'*Ons-en-Bray*). Fruit renvoyé à la Commission, à cause de l'absence de maturité ; elle paraît un bon fruit.

197. **Reinette de Caux bâtarde.** — 2ᵉ saison. — Sol argileux, siliceux. — Arbre divergent, assez vigoureux, fertile. — Fruit moyen, rond, légèrement ovoïde ; épiderme jaune-verdâtre, lavé et marbré de gris-roux ; œil moyen, fermé, dans une cavité assez profonde, irrégulière et côtelée ; pédoncule court, ligneux, dans une cavité peu profonde, peu régulière ; chair blanc-jaunâtre, demi-tendre ; eau peu abondante, légèrement sucrée, assez amère et un peu astringente. — 3 points. — *Gournay-en-Bray.*

175. **Rouge-Bruyère**, *syn.* : **Musel de Brebis, Doux Véret**. — 3ᵉ saison. — Déjà décrite dans le Bulletin de la Seine-Inférieure. — Arbre vigoureux et fertile, à branches divergentes ; fleurs et feuilles moyennes, flor. tardive. — Cantons de *Formerie, Gournay, Aumale, Coudray, Marseille* et *Ons-en-Bray.*

10

172. Roquet. — Décrit dans le Bulletin de la Société de la Seine-Inférieure. — 6 points.

Nota. — On constate que dans l'arrondissement de Beauvais, l'arbre est vigoureux et peu fertile, à l'exception des endroits couverts et des vallées ; vient lentement et affecte la forme ronde, déprimée ou divergente ; les feuilles et les fleurs sont grandes ou petites, la floraison tardive.

203. Roquet. — Petit fruit rayé rouge-brun, acide. — Rejeté pour cette cause, malgré sa recommandation de 1er choix. — Canton de *Méru*.

261. Rouge d'*Ons-en-Bray*. — Rejeté, défaut de qualité.

267. Rouge-Brune d'*Ons-en-Bray*. — Renvoyée à l'examen, défaut de maturité.

176. Sainte-Catherine, 2e saison. — Arbre très vigoureux et très fertile, à branches divergentes ; fleurs et feuilles grandes ; floraison précoce. — Fruit moyen, variable, ovoïde-aplati, quelquefois tronqué ; épiderme jaunâtre, lavé et rayé d'un rouge très vif sur presque toute sa surface, parsemé de quelques petits points gris ; œil grand, entr'ouvert, dans une cavité peu profonde, irrégulière, bosselée et légèrement plissée ; pédoncule très court, charnu, dans une cavité assez profonde, régulière, lavée et rayée de gris-fauve. Chair, demi-ferme, fine, blanche, légèrement rosée sous l'épiderme ; eau abondante, très sucrée, légèrement parfumée. — 4 points. — *Canton de Formerie*.

202. Saint-Symphorien. — 2e saison. — Arbre vigoureux, fertile, de forme pyramidale. — Fruit petit, pyramidal-tronqué, un peu rétréci au tiers supérieur ; épiderme blanc-jaunâtre, piqueté de petits points blancs mats sous l'épiderme, légèrement lavé de rouge clair du côté du soleil ; œil petit, fermé, dans une cavité très peu profonde, à fleur du fruit, côtelée et plissée ; pédoncule très court, charnu, implanté à fleur du fruit dans une cavité très peu profonde, à la base d'un petit mamelon ; chair blanc-jaunâtre, demi-fine ; eau abondante, sucrée, parfumée, légèrement amère. — 4 points. — *Canton de Méru*.

252. Sercus Doux *du Coudray*, renvoyée à la Commission pour défaut de maturité.

189. **Tard Fleuri** ; rejeté à cause de son acidité.

214. **Vacandar**. — 3ᵉ saison. — Sol argileux.— Arbre pyramidal, à rameaux allongés, très vigoureux et très fertile. — Fruit
ovoïde, élargi vers sa base, très variable de forme ; épiderme jaunâtre, parsemé de petits points roux et de petits blancs ; œil moyen,
fermé, dans une cavité très peu profonde, irrégulière et bosselée ;
pédoncule court, ligneux, dans une cavité assez profonde, régulière, un peu évasée ; chair blanc-jaunâtre, ferme, demi-fine ; eau
assez abondante, sucrée, amère. — 4 points. — *Nouilles*, provenant
d'une greffe de l'arrondissement de Neufchâtel. Dégusté avant maturité.

256. **Vert amer**.—Fruit non mûr.

LISTE ALPHABÉTIQUE ET DESCRIPTIVE

DES

POIRES DE PRESSOIR

MISES A L'ÉTUDE

Pendant la Session tenue à Beauvais au mois d'Octobre 1867.

NOTA. — Les numéros d'ordre qui précèdent les noms de fruits correspondent aux dessins exécutés pendant les séances et faisant partie des archives du Congrès.

---

18. **Fusée ou Fisée blanc.** — 2e saison. — Sol argileux, sableux. — Arbre pyramidal, à branches pendantes, très vigoureux et fertile. — Fruit moyen, ovoïde, renflé sur le centre ; épiderme verdâtre, lavé et marbré de gris-roux ; œil moyen, ouvert, à sépales dressés, dans une cavité régulière, presque à fleur du fruit ; pédoncule long de 20 millimètres, ligneux, implanté horizontalement au pied d'un petit mamelon ; chair blanc-jaunâtre, demi-fine, ferme ; eau suffisante, sucrée, légèrement astringente. — Poire bonne à faire des confitures. — 4 points. — *Gournay-en-Bray*.

17. **Poire de Moulin** — 2e saison. — Terre forte. — Arbre pyramidal, vigoureux, fertile. — Fruit moyen, conique ; épiderme jaune-verdâtre, parsemé de taches brunes, légèrement crevassé ; œil moyen, ouvert, dans une cavité à fleur du fruit, légèrement plissée ; pédoncule long de 25 millimètres, ligneux, implanté perpendiculairement à la base d'un petit mamelon ; chair blanc-verdâtre, demi-fine ; eau très abondante, sucrée, assez astringente. — 4 points. — *Gournay-en Bray*.

Rouen. — Imp. de H. BOISSEL.

CONGRÈS

DÉPOT LÉGAL
Seine Inférieure
M.
1869

POUR

L'ÉTUDE DES FRUITS A CIDRE.

5ᵉ SESSION,

Tenue à Saint-Lô (Manche), du 10 au 15 Octobre 1868.

DES QUALITÉS

QUE DOIVENT RÉUNIR

LES POMMES A CIDRE

Pour être classées au nombre des meilleures (1).

Le Congrès pour l'étude des fruits à cidre avait, dès le début de son organisation et de ses travaux, posé nettement les bases d'après lesquelles il entendait apprécier les fruits de pressoir.

« Le meilleur fruit, disait-il, est celui qui, sans le concours d'aucun autre, peut servir à fabriquer le cidre d'une qualité supérieure et, pour être classé au premier rang, ce fruit doit être sucré, amer et parfumé.

(1) Ce mémoire, soumis au Congrès par M. Hauchecorne, pharmacien à Yvetot, a été jugé digne d'une médaille d'or. Depuis, son auteur y a ajouté l'analyse chimique de plusieurs fruits tardifs, non encore en maturité à l'époque de la réunion de l'Association, à Saint-Lô.

11

« Sucré, parce que le sucre est le principe qui, dans la fermentation, se transforme en alcool et donne au liquide une de ses précieuses qualités ;

Amer, parce que ce principe contribue à la conservation du cidre et lui donne des propriétés hygiéniques ;

« Parfumé, cette qualité rend la boisson agréable au goût et à l'odorat. »

Le Congrès adoptait en même temps la classification la plus logique, celle par saison, c'est-à-dire par époque de maturité.

La première saison comprenait les fruits qui mûrissent en août et septembre ;

La deuxième, en octobre et en novembre ;

La troisième, en décembre et janvier.

Il convenait aussi de préciser la qualité des fruits, en égard toutefois aux aptitudes des arbres, par un nombre de points s'élevant de un à six : le zéro étant attribué aux fruits définitivement rejetés et le six ne pouvant être dépassé.

Depuis cinq ans, le Congrès poursuit avec un zèle et une persévérance au-dessus de tout éloge, l'accomplissement de la tâche qu'il s'est imposée ; et quoique la voie dans laquelle il ne redoutait pas de s'engager en 1864, fût hérissée de difficultés, il dut aux lumières et aux patientes investigations de ses membres fondateurs, de triompher des obstacles contre lesquels beaucoup d'hommes doués de l'esprit de recherche avaient vu déjà se briser leur intelligente initiative.

Une œuvre aussi sagement dirigée ne pouvait manquer d'éveiller d'unanimes sympathies et de produire d'avantageux résultats.

De tous côtés, en effet, l'empressement le plus louable se manifesta et le nombre des fruits soumis à l'examen régulier du Congrès atteignit un chiffre considérable, comme viennent en témoigner les annales des travaux de cette Association savante.

Aujourd'hui, l'on connaît à peu près toutes les meilleures espèces de pommes de chaque saison, et si les fruits types, les fruits à six points sont relativement peu nombreux, ceux qui se recommandent à l'attention des pépiniéristes par cinq et par quatre points se présentent en quantité assez notable pour que les trois catégories réunies fournissent une ample satisfaction au choix le plus sévère et le plus épuré du planteur.

Mais, tout en proclamant hautement et avec la plus profonde sincérité l'importance des améliorations réalisées par le Congrès, nous nous sommes demandé si le mode d'appréciation des fruits par la saveur seule, bien qu'exercé par des hommes éminemment capables, pouvait suffire dans tous les cas à déterminer la présence des éléments utiles contenus dans les fruits à cidre ; en d'autres termes, si les fruits à cidre n'admettaient pas au rang de leurs principes utiles, une ou plusieurs substances entièrement insapides, et par là même, susceptibles d'échapper à la dégustation la plus délicate.

Pour résoudre cette question, il nous a fallu, naturellement recourir à l'analyse chimique, puis étudier les propriétés organoleptiques des éléments trouvés et déterminer, enfin, le rôle exact qu'est appelé à jouer chacun d'eux, dans le grand acte de la fermentation.

C'est le résumé de nos essais et les observations qu'ils nous ont suggérées que nous nous proposons de relater ici, en y joignant le détail de nos expériences, pour favoriser à les répéter quiconque le désirerait, afin d'en contrôler la précision.

Nous avons procédé d'abord à des analyses individuelles de *fruits choisis parmi les meilleurs* de chaque saison ; le jus de ces pommes, à de légères variantes près, dans les proportions de quelques-uns de ses éléments, nous a fourni : de l'eau, du sucre ou glucose, du mucilage, de l'acide malique libre, du tannin, un principe extractif amer d'autant plus accentué que le fruit est proche de sa maturité, de l'albumine, du gluten, de la matière colorante, de l'huile essentielle ou parfum de la pomme, une matière grasse et des malates de potasse et de chaux.

Opérant ensuite sur des *fruits connus pour faire de la boisson détestable*, nous avons recueilli les mêmes substances, seulement en quantité très différente, sauf, toutefois, l'albumine, le gluten, la matière grasse, les malates de potasse et de chaux qui n'ont guère varié ; aussi, nous est il permis d'affirmer, dès à présent, que les *pommes qui produisent le meilleur cidre ne doivent point leur supériorité à l'existence d'un principe unique dont seraient dépourvus les mauvais fruits*, mais plutôt aux justes proportions dans lesquelles se trouvent associés, tout particulièrement, le glucose, l'acide malique, le mucilage, le tannin et le principe amer ; c'est, du moins, ce qui nous a paru résulter nettement des expériences suivantes :

Notre première analyse s'est effectuée sur un gain mûrissant fin août, obtenu par M. Legrand, pépiniériste à Yvetot, et désigné dans son exploitation par le nom de Hâtive-Legrand.

Voici comment on a traité ces fruits :

On en a écrasé un kilogramme et soumis la pulpe à l'action de la presse ; le jus recueilli a été filtré au papier blanc Prat-Dumas et pesé à l'aréomètre de Baumé ou pèse-sels, auquel il a offert une densité de 8 degrés.

La filtration des jus au papier a pour but de les débarrasser de tous les corps qu'ils tiennent en suspension, notamment de l'albumine et des débris de tissu cellulaire, et de les réduire à leurs seuls éléments solubles dans l'eau.

Cette manœuvre est indispensable au succès des expériences. On a cherché d'abord à déterminer le titre acide du fruit, c'est-à-dire la proportion exacte d'acide malique qu'il renferme, car les pommes à cidre n'offrent pas comme les fruits à couteau une quantité uniforme de ce principe ; pour cela, on a commencé par mettre en réserve un gramme de bi-carbonate de soude finement pulvérisé, puis on a porté à l'ébullition cent grammes de jus filtré ; à ce moment on a retiré le vase du feu et laissé tomber dans le liquide le bi-carbonate de soude, par petites portions, jusqu'à ce qu'en agitant, il ne se produisît plus d'effervescence ; on a pris de nouveau le poids de la poudre et constaté qu'il en avait fallu trois décigrammes pour neutraliser l'acide malique libre ; or, des essais répétés nous ayant appris qu'une partie de cet acide en exige trois de bi-carbonate de soude pour être saturée, il en résulte qu'un kilogramme de jus de ces pommes contient un gramme d'acide malique à l'état de liberté.

Les personnes qui craindraient de ne pas saisir le point final de l'effervescence trouveront dans l'emploi du papier de tournesol un moyen efficace de contrôle ; ce réactif ne doit pas rougir au contact du jus saturé.

Le dosage du principe astringent, bien qu'aussi facile et non moins prompt en apparence, à l'aide de la méthode volumétrique de Pédroni ou de celle de Vagner, qui offrent l'une et l'autre le précieux avantage de séparer seul le tannin de ses dissolvants, nous a présenté de sérieuses difficultés par la lenteur avec laquelle le précipité s'organise et devient pondérable.

Nous avons adopté toutefois le sulfate de cinchonine et préparé

notre liqueur d'épreuve de façon à ce que la composition élémentaire du tannate de cinchonine recueilli indiquât exactement la proportion de principe astringent supposé sec, renfermé dans les jus
de pommes.

Cette liqueur d'épreuve a été disposée comme suit :

On a dissous 2 grammes 30 centigrammes de sulfate neutre de
cinchonine dans 500 grammes d'eau de pluie, acidulée par 10 gouttes
d'acide sulfurique pur.

Le tannate de cinchonine obtenu dans ce cas se compose de tannin, 1,000 parties ; cinchonine, 452.

Voici maintenant ce que l'on a fait : On a pris 100 gr. de jus filtré
que l'on a étendus de 100 gr. d'eau de pluie et on y a versé 50 gr.
de la liqueur d'épreuve, afin d'avoir tout de suite un excès
de cinchonine et être assuré d'un précipité plus consistant. Une fois
le dépôt formé et le liquide surnageant parfaitement éclairci (6 heures
à peu près), on a filtré sur un papier séché et pesé à l'avance ; enfin, le précipité a été soumis à l'action d'une douce chaleur jusqu'à
dessication complète, pesé, et, déduction faite du poids du papier,
le précipité a été de 72 centigrammes, soit 7 grammes 20 centigrammes pour 1 kilogramme de jus.

Pour connaître ensuite le poids réel du tannin, on établit l'équa-
tion suivante :

1,452 milligrammes tannate de cinchonine type sont à 1,000 milligrammes tannin, comme 7,200 milligrammes tannate trouvé sont
à x, soit :

$$1,452 : 1,000 :: 7,200 : x = 7,200 \times \frac{1000}{1452} = 4 \text{ gr. } 958 \text{ milligr.}$$

Le kilogramme de jus renfermait, par conséquent, 4 grammes
958 milligrammes de tannin (1).

Il restait encore à déterminer le poids du mucilage et celui du
sucre ; on y est arrivé aisément en faisant évaporer dans une assiette
de porcelaine, sur un feu très doux et jusqu'à dessication complète,
100 grammes de jus filtré ; l'extrait sec pesait 15 grammes 80 centi-

---

(1) Il arrive parfois que le tannin existe en proportion si minime dans le jus,
que le tannate de cinchonine reste en suspension et ne se sépare pas ; on le
rend pondérable en évaporant le liquide à moitié de son volume ; la chaleur
coagule le tannate ; on filtre au papier, on lave le précipité et on en prend
ensuite le poids. Les pommes de Sonnette, de Rouge-Bruyère-Argile, de Vieux-
Moulin et de Damassé, nous ont obligé à opérer ainsi.

grammes; on l'a dissous dans 60 grammes d'eau de pluie, et la liqueur introduite dans un flacon de verre a été mélangée avec 200 grammes d'alcool rectifié ramené à 80 degrés centésimaux ; à l'instant même, il s'est produit au sein du liquide de gros flocons lanugineux, c'était le mucilage qui se précipitait de sa dissolution. Une fois le dépôt bien organisé (demi-heure), on a jeté le tout sur un filtre de papier séché et pesé ; le précipité, lavé à deux reprises avec chaque fois 60 grammes d'alcool à 80 degrés centésimaux, pour le purifier entièrement du glucose et des sels solubles dont il restait imprégné, a été soumis ensuite à l'action d'une douce chaleur jusqu'à siccité complète. On a pesé le filtre ainsi gommé et, déduction faite du poids du papier, celui du mucilage a été de 8 grammes 30 centigrammes.

Le glucose, à son tour, a été dosé à l'état sec et d'après les données suivantes : On se rappelle que 100 grammes de jus filtré ont fourni par l'évaporation 15 grammes 80 centigrammes, soit 158 grammes par kilog. de matière solide ; sur cette quantité, nous avons déjà isolé :

Acide malique . . . . 1 gr. 000 ⎫
Tannin. 4   958 ⎬ Ensemble . . . . 14 gr. 258
Mucilage sec. 8   300 ⎭

Il convient maintenant d'ajouter pour acide pectique, malates alcalins, huiles grasse et volatile, matière azotée (poids uniforme dans toutes les variétés de fruits à cidre). 1   000

Il restera donc pour le glucose. 142   742

Au résumé, 1 kilogramme de jus de la pomme Hâtive-Legrand était composé de :

Acide malique . . . . .   1 gr. 000
Tannin   4   958
Mucilage sec.   8   300
Glucose sec.   142   742
Acide pectique . . . . ⎫   ⎫ Poids sensiblement iden-
Malates alcalins . . . ⎪   1   000 ⎬ tique dans toutes les
Huiles grasse et volatile ⎪   ⎪ variétés des fruits à
Matière azotée . . . . ⎭   ⎭ cidre.
Eau.   842   000
                       ─────────────────
    Total. . . . . 1,000 gr. 000

Ces procédés analytiques, qui sont à nos yeux la limite extrême de la simplicité, ont été répétés sur tous les fruits inscrits au tableau ci-joint :

POMMES DE PREMIÈRE SAISON.

HATIVE-LEGRAND.
Fruit amer.

Densité du jus, 8°.

	gr. mill.
Glucose sec.	142,742
Mucilage sec	8,300
Tannate 7,20, tannin.	4,958
Acide malique. . . .	1,000
Malates alcalins et divers.	1,000
Eau.	842,000
Total du jus. . .	1,000,000

BLANC MOLLET [N° 3].
Fruit amer.

Densité du jus, 10°.

	gr. mill.
Glucose sec.	189,000
Mucilage sec	8,800
Tannate 6,70, tannin.	4,614
Acide malique. . .	1,000
Malates et divers. . .	1,000
Eau	795,586
Total	1,000,000

BELLE FILLE [N° 28] (1).
Fruit acidulé.

Densité du jus, 7°5.

	gr. mill.
Glucose sec.	140,000
Mucilage sec	5,500
Tannate 5, tannin. .	3,443
Acide malique. . . .	1,170
Malates et divers. . .	1,000
Eau.	848,887
Total	1,000,000

GIRARD.
Fruit acide.

Densité du jus 6°5.

	gr. mill.
Glucose sec.	122,000
Mucilage sec	3,900
Tannate 3, tannin. .	2,066
Acide malique . . .	1,333
Malates et divers. . .	1,000
Eau	869,701
Total	1,000,000

(1) Les noms des variétés dont la figure et la description se trouvent dans les archives du Congrès, sont suivis d'un numéro de concordance, qu'on a ajouté afin de mieux préciser leur identité. Les chiffres précédés de l'indication (n°) se rapportent à la série des fruits étudiés par la Société d'Horticulture de la Seine-Inférieure. Les chiffres non accompagnés de cette indication se rapportent à la série des fruits étudiés par le Congrès.

POMMES DE DEUXIÈME SAISON.

GROS MUSCADET [N° 173] (1).
Fruit amer et parfumé.

	gr. mill.
Densité du jus, 9°.	
Glucose sec.	161,000
Mucilage sec	4,600
Tannate 3,50, tannin.	2,410
Acide malique.	1,000
Malates et divers	1,000
Eau	829,990
Total	1,000,000

DOUX A LAIGNEL, VAGNON ROUGE.
Fruit doux et parfumé.

	gr. mill.
Densité du jus, 8°.	
Glucose sec.	146,000
Mucilage sec	7,400
Tannate 9, tannin	6,198
Acide malique.	0,830
Malates et divers.	1,000
Eau	838,572
Total	1,000,000

AMER DOUX.
Fruit amer.

	gr. mill.
Densité du jus, 7°.	
Glucose sec.	128,000
Mucilage sec	9,200
Tannate 3, tannin	2,066
Acide malique.	1,000
Malates et divers.	1,000
Eau	858,734
Total	1,000,000

DOUX ÉVÊQUE (N° 45).
Fruit doux et parfumé.

	gr. mill.
Densité du jus, 8°.	
Glucose sec.	176,000
Mucilage sec	13,200
Tannate 7,52, tannin.	5.179
Acide malique.	1,000
Malates et divers.	1,000
Eau	803,621
Total	1,000,000

VAGNON-LEGRAND.
Fruit amer et parfumé.

	gr. mill.
Densité du jus, 10°.	
Glucose sec.	176,000
Mucilage sec	7,150
Tannate 8,55, tannin.	5,888
Acide malique.	0,830
Malates et divers.	1,000
Eau	809,132
Total	1,000,000

DEMI-SURE-DUBUC.
Fruit acidulé.

	gr. mill.
Densité du jus, 7°.	
Glucose sec.	130,000
Mucilage sec	6,250
Tannate 3,50, tannin.	2,410
Acide malique.	1,170
Malates et divers.	1,000
Eau	859,170
Total	1.000,000

(1) *Voir* la note p. 135.

MARTIN-FESSARD.

Fruit amer et parfumé.

	gr. mill.
Densité du jus, 10°.	
Glucose sec.	175,000
Mucilage sec	12,200
Tannate 10,10, tannin	6,955
Acide malique.	1,000
Malates et divers.	1,000
Eau.	803,845
Total	1,000,000

ROUGE BRUYÈRE HATIF.

Fruit doux et parfumé.

	gr. mill.
Densité du jus, 6°5.	
Glucose sec.	123,000
Mucilage sec	4,000
Tannate 3, tannin.	2,066
Acide malique.	1,000
Malates et divers.	1,000
Eau.	868,934
Total	1,000,000

PARADIS.

Fruit doux très parfumé.

	gr. mill.
Densité du jus, 10°.	
Glucose sec.	175,000
Mucilage sec	14,800
Tannate 7,10, tannin.	4,960
Acide malique.	1,000
Malates et divers	1,000
Eau	803,240
Total	1,000,000

ROUGE BRUYÈRE [VRAI OU ROUGE] (N° 31 bis).

Fruit doux et parfumé.

	gr. mill.
Densité du jus, 9°.	
Glucose sec.	158,000
Mucilage sec	8,100
Tannate 5, tannin.	3,443
Acide malique.	0,662
Malates et divers.	1,000
Eau.	828,795
Total	1,000,000

SONNETTE (N° 27).

Fruit doux et parfumé

	gr. mill.
Densité du jus, 8°5.	
Glucose sec.	150,000
Mucilage sec	15,000
Tannate à chaud 2, tannin.	1,377
Acide malique.	1,000
Malates et divers.	1,000
Eau	831,623
Total	1,000,000

ROUGE BRUYÈRE [DE ROUEN OU GRIS] (N°s 31 ET 232).

Fruit doux et parfumé.

	gr. mill.
Densité, 10°2.	
Glucose sec.	180,000
Mucilage sec	15,000
Tannate à chaud 2, tannin.	1,377
Acide malique.	0,663
Malates et divers.	1,000
Eau	801,960
Total	1,000,000

POMMES DE TROISIÈME SAISON.

ARGILE.
Fruit légèrement amer.

	gr. mill.
Densité du jus, 11°7.	
Glucose sec.	194,000
Mucilage sec	15,000
Tannate 8,50, tannin.	5,887
Acide malique.	0,663
Malates et divers.	1,000
Eau.	783,450
Total	1,000,000

GROS DOUX
Fruit doux.

	gr. mill.
Densité du jus, 8°.	
Glucose sec.	150,000
Mucilage sec	5,500
Tannate 3, tannin.	2,066
Acide malique.	1,000
Malates et divers.	1,000
Eau.	840,434
Total	1,000,000

BEDANE (N° 39).
Fruit légèrement amer.

	gr. mill.
Densité du jus, 10°.	
Glucose sec.	175,000
Mucilage sec	14,400
Tannate 8, tannin.	5,509
Acide malique.	0,720
Malates et divers.	1,000
Eau	803,381
Total	1,000,000

PEAU DE VACHE (Nos 163, 234, ET 288),
Fruit amer.

	gr. mill.
Densité du jus, 9°.	
Glucose sec	150,000
Mucilage sec	14,000
Tannate 8, tannin.	5,509
Acide malique.	0,661
Malates et divers.	1,000
Eau.	828,830
Total	1,000,000

MARIN ANFRAY, AMERET (Nos 37 ET 239).
Fruit amer.

	gr. mlil.
Densité du jus, 9°.	
Glucose sec.	147,000
Mucilage sec	19,400
Tannate 7,50, tannin.	5,466
Acide malique.	1,000
Malates et divers	1,000
Eau.	826,434
Total	1,000,000

PEAU DE VACHE PETITE.
Fruit légèrement amer.

	gr. mill.
Densité du jus, 9°.	
Glucose sec	160,000
Mucilage sec	7,000
Tannate 3, tannin.	2,066
Acide malique.	1,000
Malates et divers.	1,000
Eau.	828,934
Total	1,000,000

VIEUX MOULIN (N° 269 *ter*).			DAMASSÉ (N° 36).		
Fruit doux.			Fruit doux.		
	gr.	mill.	Densité, 8°8.	gr.	mill.
Densité, 9°.			Glucose sec.		160,000
Glucose sec.		160,000	Mucilage sec		9,000
Mucilage sec		10,000	Tannate à chaud 2,50,		
Tannate 2, tannin . .		1,377	tannin		1,720
Acide malique. . .		0,750	Acide malique. . . .		0,830
Malates et divers. . .		1,000	Malates alcalins et di-		
Eau.		826,873	vers		1,000
			Eau.		827,450
Total		1,000,000	Total		1,000,000

Maintenant, si nous nous livrons à l'examen attentif de la composition des meilleures pommes de chaque saison, n'arrivons-nous pas à découvrir que *les éléments souverainement utiles dans les fruits de pressoir sont le sucre ou glucose, le mucilage, le tannin, l'acide malique, le principe amer et le parfum* ; que, si ces éléments paraissent être en rapport assez constant entre les bonnes variétés de chaque saison, la proportion de chacun d'eux diffère lorsqu'il s'agit de fruits de première, de deuxième ou de troisième saison ; qu'enfin les pommes qui jouissent d'une haute renommée pour faire le cidre d'un seul solage sont précisément les plus riches en principe mucilagineux et tanniques et les plus pauvres en acide malique (Blanc-Mollet, Martin-Fessard, Doux à Laignel ou Vagnon rouge, Paradis, Argile, Bédane, etc.).

Mais avant de nous occuper du sort réservé ultérieurement à ces éléments, voyons tout de suite comment ils se comportent à la dégustation.

Le sucre et le principe amer, doués l'un et l'autre d'une saveur *sui generis*, se reconnaissent aisément par le goût ; une sensation de fraîcheur indique la présence de l'acide malique, comme une âpreté franche dénote celle du tannin ; on dit, du fruit spongieux à la bouche, qu'il manque d'eau ; il en a trop, au contraire, si le jus ruisselle dans cet organe ; l'odorat savoure le parfum suave et pénétrant qui s'exhale du fruit mûr ; mais, qui vient révéler aux papilles de la muqueuse de la langue l'onctueux et insapide mucilage, le tempérant du principe acide et l'élément conservateur du cidre par excellence, comme nous l'établirons dans un instant? Rien absolument, car ses propriétés organoleptiques sont neutres, il est dépourvu de saveur; il passe inaperçu comme l'albumine, le gluten et les malates de potasse et de chaux; et cependant le mucilage est un des composés les plus utiles à signaler dans les jus de pommes, puisque ce sera du sucre un peu plus tard.

Cet échec n'est pas le seul qu'ait à subir l'épreuve du goût; ce sens frappé déjà d'insuffisance quand il est question d'indiquer seulement la nature des éléments disséminés dans la chair du fruit, devient notoirement impuissant du moment où il faut préciser les rapports de quantité qui existent entre eux. Nous allons démontrer cependant, tout-à-l'heure, en rectifiant l'inexactitude des opinions accréditées sur les rôles du mucilage, du tannin et de l'acide malique, quelle importance il y a, au point de vue de la fabrication industrielle du cidre, à connaître exactement à l'avance la proportion de chaque composé qui doit éprouver l'action désorganisatrice des ferments.

Tout le monde sait que le phénomène de la fermentation alcoolique ne peut s'accomplir sans la réunion de cinq agents : le sucre, l'eau, la chaleur, le ferment et l'air

Le *sucre* est l'élément inerte, pour ainsi dire, du travail. C'est sur lui que s'exerce l'action des autres pour opérer sa transformation. Il donne alors naissance à de l'alcool et à de l'acide carbonique, chacun pour à peu près la moitié de son poids (1). Le premier reste combiné au liquide, le second s'en dégage en grande partie.

L'*eau* est, dans la nature, un des agents les plus énergiques de la désorganisation des corps. C'est, grâce à l'état de dissolution auquel elle amène les matières sucrées que le ferment peut intervenir utilement. Aussi, c'est de la proportion dans laquelle elle s'y trouve associée que dépendent la régularité de l'opération et la transformation complète du glucose.

Nos observations personnelles nous ont appris que la densité des

(1) M. Pasteur a établi en 1859, par de nombreuses analyses, que, sur 100 grammes de sucre qui fermentent, 5 à 6 grammes se transforment en glycérine et en acide succinique. Cet habile analyste a constaté qu'un litre de vin renfermait jusqu'à 6 et 8 grammes du premier composé, et 1 gr. à 1,50 du second.

jus la plus favorable, était comprise entre 5 et 10 degrés de l'aréomètre de Baumé ou pèse-sels. Au-dessus, on court les risques
de la fermentation lactique; au-dessous, on est exposé à l'acétification.

La *chaleur* est un autre agent de décomposition qui, par ses proportions, exerce une influence analogue à celle de l'eau, sur la
marche de la fermentation alcoolique. A 0 degré, celle-ci ne se
produit pas; mais le travail s'effectue dans les meilleures conditions
lorsque la température est comprise entre 10 et 15 degrés du thermomètre centigrade.

Le rôle de l'*air* dans la fermentation, et la nature ainsi que l'action
des ferments sont restés, pendant longtemps, les points les plus
obscurs de la chimie. Ils sont encore controversés aujourd'hui,
malgré les travaux remarquables de MM. Pasteur et Berthelot.

Pour la pratique, il nous suffira de savoir que l'intervention de
l'air est une nécessité démontrée, parce que le jus des pommes ne
contient pas de ferment tout fait, mais une matière albuminoïde,
susceptible de le devenir ou de l'engendrer après avoir subi l'action
de l'oxygène.

Quant aux *ferments*, on désigne sous cette dénomination des substances organiques azotées (albumine, gluten, levûre, etc.), qui paraissent être spécialement les agents provocateurs de la décomposition; telles étaient, du moins, les idées généralement reçues, à cet
égard, lorsque le 23 avril 1860, M. Pasteur fit une communication à
l'Académie dans laquelle il rendait compte d'une série d'expériences tendant à prouver que des êtres vivants sont l'origine de
toutes les fermentations proprement dites.

Quelle que soit, du reste, la théorie adoptée en cette circonstance,
il est un fait capital qu'on ne doit pas perdre de vue, à cause des
conséquences pratiques qui en découlent, c'est que, dans le phénomène complexe de la décomposition des jus de fruits, comme de
toutes les substances organiques, aussitôt la matière convertie en
alcool et en acide carbonique, si l'on n'a pas soin de remplir exactement et de boucher hermétiquement le vase qui renferme le
liquide alcoolisé, il se produit, sous l'influence de l'oxygène, une
fermentation d'une autre nature, qui s'exerce sur l'alcool et le transforme à son tour, c'est la fermentation acétique; puis si l'on ne
soustrait pas le liquide aux débris des substances azotées que la

fermentation alcoolique a détruites, ils entrent eux-mêmes en décomposition et la fermentation putride a lieu.

Telle est la loi naturelle qui régit les phénomènes de la décomposition des fruits et qui explique comment il arrive qu'en brassant de très bonnes pommes, beaucoup de gens, soi-disant habiles, trouvent encore le moyen d'obtenir, non pas du cidre, mais une espèce de vinaigre puant qui, après avoir empoisonné les barriques dans lesquelles on le garde, va porter le germe des affections putrides au sein de l'organisme des plus robustes constitutions (1).

Le *sucre* ou *glucose*, avons-nous dit, est l'élément passif du travail; en effet, soit que le gluten ou ferment agisse sur l'albumine et l'acide malique, par simple contact, comme le pensait Berzélius, ou par mouvement communiqué, suivant M. Liebig, ou par un être qui viendrait de l'air que nous respirons, si l'on en croit M. Pasteur; toujours est-il que le point initial de la fermentation une fois posé, le sucre est attaqué par le ferment, l'albumine et l'acide malique, et voué fatalement à une destruction complète, destruction d'autant plus rapide qu'il est moins protégé contre ses vigoureux agresseurs par le mucilage et le tannin.

Le *mucilage*, on le sait, résulte de la dissolution d'un principe gommeux dans l'eau de végétation des pommes à laquelle ce principe communique une certaine viscosité.

Nous avons vu précédemment qu'on peut isoler le mucilage en traitant l'extrait liquide du suc des fruits par trois fois son poids d'alcool à 80 degrés; il se précipite alors sous forme de masse gélatineuse qu'on purifie à l'aide de deux lavages à l'alcool. En soumettant cette matière à l'action d'une douce chaleur, elle perd beaucoup de son volume et se réduit en lamelles ou en paillettes blondes, transparentes, très solubles dans l'eau et très avides d'humidité.

Ce principe gommeux, considéré à tort jusqu'à ce jour comme une substance inerte destinée à augmenter la masse des lies, garde son entière solubilité pendant l'acte fermentatif; il partage, en outre, avec tous les corps féculents ou amylacés la précieuse faculté de se transformer en glucose sous l'influence des acides faibles et d'un

_____

(1) Voir la deuxième édition de notre brochure : *Le Cidre, fabrication, conservation et action physiologique*, p. 17 à 25.

ferment; mais cette modification dans l'état d'équilibre de ses atomes ne saurait se produire d'un instant à l'autre; il faut, d'ailleurs, que l'acide malique stimulé par le ferment désagrège ce principe gommeux, qu'il le convertisse en dextrine, laquelle se change en glucose à son tour.

Cette phase intermédiaire du travail s'accomplit toujours avec une certaine lenteur, malgré les attaques incessantes de l'acide malique; mais lorsque les jus sont riches de mucilage et de tannin et peu chargés d'acide, comme dans les pommes Doux-Évêque, Vagnon rouge, Paradis, Peau de Vache, etc., la puissance de la matière fermentescible entravée tout à la fois par le tannin qui précipite l'albumine, par le mucilage qui résiste vivement à l'acide malique, arrive à un tel point d'atténuation, qu'une fois le mucilage converti en glucose, cette matière manque souvent d'action pour le transformer en alcool et en acide carbonique.

C'est ce qu'on observe dans tous les cidres qui, dix à douze mois après la fermentation tumultueuse, accusent encore une saveur nettement sucrée, en même temps qu'ils ne se sont pas éclaircis.

Personne, que nous sachions, n'a signalé cette propriété qu'a le mucilage d'émousser l'action de l'acide malique; nous avions donc raison de le considérer comme l'*élément conservateur du cidre par excellence*. Quel but, en effet, se propose-t-on d'atteindre dans la conservation d'une boisson alcoolique quelconque? Le maintien intégral de la somme de ses qualités; or, nous avons vu que dans l'ordre de décomposition imposé par la nature aux fruits juteux, pommes, poires, raisins, etc., la fermentation acétique occupait le second rang et n'avait lieu qu'après la destruction du sucre et sa conversion en alcool et en acide carbonique. Si donc on introduit dans la composition élémentaire de la boisson une substance douée de la faculté de perpétuer, pour ainsi dire, la présence du principe sucré (tel est ici le rôle du mucilage), il est évident que la boisson sera conservée dans l'acception vraie du mot, puisqu'on sera parvenu à maintenir l'équilibre entre ses éléments et à empêcher l'alcool d'être transformé en acide acétique, signe manifeste d'une altération commençante.

Voulût-on contester la validité de notre système que nous répondrions par un fait pratique qui confirme hautement notre opinion, c'est celui du brasseur qui nourrit son cidre, c'est-à-dire qui introduit chaque année dans son cidre quelques seaux de jus nouveau destinés, par le sucre qu'ils renferment, à continuer la fermentation alcoolique et à prévenir l'acétification du liquide.

L'action du *tannin* n'est pas moins nettement définie que celle du mucilage. Ce composé jouit du pouvoir particulier de frapper d'insolubilité une partie de l'albumine et de rendre le ferment impuissant à exciter au sein des jus de pommes les perturbations que sa nature agressive tendrait sans cesse à provoquer.

De là, deux propriétés bien distinctes attachées au tannin : l'une qui le constitue *principe clarifiant des jus*, et l'autre qui en fait le *régulateur de l'acte fermentatif*. C'est probablement à cette dernière fonction qu'il doit d'être considéré par beaucoup de personnes comme l'agent direct de la conservation du cidre, ce qui n'est pas exact.

Il est bien vrai que, par suite de son action sur l'albumine et le ferment, il augmente les qualités de la boisson parce qu'en modérant le mouvement des jus, il permet à leurs principes constitutifs de subir une élaboration plus complète qui favorise la conservation du liquide ; car, dans le cidre comme dans le vin, il existe deux éléments perturbateurs dont il faut surveiller attentivement les allures, sous peine d'être exposé à ne recueillir que des produits très médiocres ; ce sont l'albumine et les acides malique et tartrique : on en connaît heureusement les correctifs et quand on leur oppose le tannin et le mucilage en proportions convenables, on arrive à neutraliser leurs mauvaises tendances et à créer une fermentation presque insensible dans laquelle naissent les éthers qui donnent le bouquet aux vins et aux cidres.

Il est facile de démontrer, par un exemple, que *le tannin n'est pas le principe réellement conservateur des boissons fermentées*.

Les poires à brasser fournissent par la pression une abondante quantité de jus qui fermente très violemment, mais qui passe aussi très vite à l'aigre, c'est là un fait incontestable et il ne saurait en être autrement, puisque de tous les fruits juteux ce sont les plus chargés de matière fermentescible (albumine et acide) ; cependant ils sont très riches en principe acerbe ; il suffit de goûter un de ces fruits pour s'en convaincre ; or, si le tannin seul avait réellement la faculté de conserver la boisson, il garantirait le poiré contre la dégénérescence acétique ; il n'en est rien.

La prompte acétification de cette liqueur s'expliquerait beaucoup plus logiquement, selon nous, par le peu de mucilage contenu dans les poires (1). Ce principe faisant presque entièrement défaut, les agents fermentescibles ne rencontrent qu'une faible résistance et se livrent alors à une agitation désordonnée dont le résultat final est la production de l'acide acétique.

Le groupe des *agents fermentescibles* se compose du *gluten*, de *l'albumine*, de *l'acide malique* et accidentellement de la *matière pulpeuse des fruits*, provenant d'un broyage exagéré (2), quatre substances qui doivent préoccuper le brasseur au plus haut point dans le travail de la fermentation. Mais il rendra tout de suite sa tâche bien facile, s'il a soin d'opérer *l'assortiment des fruits*, de façon à obtenir *beaucoup de tannin* pour neutraliser l'albumine et une somme suffisante de *mucilage* pour faire équilibre à l'acide malique; quant à la matière pulpeuse, il en éliminera la plus grande portion, s'il veille à soutirer son cidre entre deux lies.

Le moment est peut-être favorable de se demander quel est le rôle de l'*acide malique* dans la fermentation et de déterminer les conditions de sa présence.

Nous avons affirmé déjà que ce corps était l'*auxiliaire* le plus actif de l'*albumine* pour opérer le dédoublement du sucre en même temps qu'il paraissait spécialement chargé de *désagréger le mucilage* pour favoriser sa transformation en dextrine et l'amener à l'état de glucose; il n'est pas là seulement à ce double titre et la présence de cet agent dans les jus ne nous semble pas moins indispensable que celle du mucilage et du tannin; il a pour emploi *d'assurer la prédominance du ferment alcoolique*, car il est établi par les travaux de M. Dubrunfaut et ceux plus récents de M. Lehman sur les fermentations visqueuse et lactique, que tous les jus sucrés qui sont neutres, c'est-à-dire qui ne renferment pas une certaine proportion d'acide, sont impropres à éprouver les phénomènes réguliers de la fermen-

---

(1) L'analyse d'une poire de Gros-Vert nous a fourni, sur 1 kilogramme de jus frais : glucose à 38°, 144 grammes; mucilage, 2 grammes; tannate de cinchonine, 9 grammes; tannin, 6 gr. 198; il a fallu 6 grammes de craie.

(2) On oublie trop, en fait de pressurage, que l'enveloppe des petites outres ou cellules qui renferment les sucs du fruit est un composé albuminoïde très fermentescible qui ne cède en rien à la boisson, sinon une masse de lie qu'on peut évaluer, sans être taxé d'exagération, à huit fois le volume de celle qui se produit dans la même quantité de cidre obtenu par la méthode de déplacement.

12

tation alcoolique; ils subissent invariablement la dégénérescence visqueuse ou lactique.

Un fait, dont tout le monde peut vérifier l'exactitude, vient nous appuyer de son autorité, c'est celui qui a trait à la méthode suivie par les pharmaciens dans la préparation des jus de groseilles et de framboises; cette méthode consiste à écraser les fruits avec un dixième de leur poids de cerises aigres dont l'acidité a pour effet de développer dans la masse les symptômes de la fermentation alcoolique qui ne se produiraient, sans cette addition, qu'avec la plus grande difficulté.

Mais dans quel cas doit-on recourir aux *fruits acides* et surtout en *quelle proportion* convient-il d'en user?

Il sera toujours nécessaire de les associer aux pommes chargées de mucilage et de tannin, chez lesquelles la fermentation marche avec trop de lenteur; la quantité variera de un douzième à un dixième, suivant l'acidité du fruit employé et en vue d'amener le moût à contenir un gramme d'acide pour mille, proportion qui doit être la base rationnelle du principe acide des jus. Il va de soi que si l'on n'avait pas de pommes acides à sa disposition, on pourrait y suppléer par du vieux cidre à la dose de 25 litres pour remplacer un hectolitre de pommes.

Ici se termine l'étude des principes réellement utiles dont on a besoin de connaître les proportions pour le classement définitif des fruits de pressoir.

Il est impossible, comme on le voit, d'arriver par la dégustation seule à constater la composition élémentaire des pommes ou des poires. Si cette analyse organoleptique indique avec certitude le principe amer, l'eau et le parfum, il lui faut absolument le concours de l'analyse chimique pour révéler exactement le sucre, le mucilage, le tannin et l'acide malique; nous considérons donc indispensable la réunion de ces moyens, lorsqu'il s'agira d'apprécier en dernier ressort les qualités que doivent réunir les pommes à cidre pour être classées au nombre des meilleures.

HAUCHECORNE.

Yvetot, 7 octobre 1868.

FABRICATION DU CIDRE A JERSEY.

La lettre de M. James Gautier, propriétaire à Jersey, reproduite ci-après, fournit des renseignements intéressants sur la préparation du cidre dans cette île. — Les personnes qui désireraient de plus amples détails sur ce sujet les trouveront dans une brochure publiée par MM Girardin et Morière, en 1857, sous ce titre : *Excursion agricole à Jersey*.

Jersey, 24 septembre 1868.

M. Elie, président de la Société d'Horticulture de Saint-Lô.

« MONSIEUR,

« Mon cher gendre, M. Sanson de la Valesquerie, m'a prié de votre part de vous envoyer quelques échantillons de pommes à cidre de Jersey, je vous envoie par conséquent neuf différentes espèces. J'aurais pu multiplier une plus grande variété d'espèces, mais celles-ci sont considérées les meilleures pour la fabrication du cidre ; l'instruction, jointe à l'aisance de nos fermiers qui sont presque tous propriétaires de leur ferme, leur a fait porter l'agriculture à un haut degré de perfection : un bon nombre d'entre eux ont fait une étude spéciale de la fabrication du cidre, et pour bien réussir à faire du cidre fort, c'est-à-dire riche en alcool, ils mettent généralement 20 0/0 ou environ de pommes un peu acides, avec 80 0/0 de pommes douces. Ce mélange de sucs différents fait fermenter le cidre plus fortement et plus vite et par conséquent développe plus l'esprit et moins d'évaporation. Ils soutirent ou transvasent d'un tonneau dans un autre environ quinze jours après l'avoir mis en fût, si le temps est beau et sec. Ils le soutirent généralement deux fois, et avant la deuxième fois ils jettent un litre d'eau-de-vie dans un fût de 300 litres, ce qui aide à le clarifier ; et comme nos fermiers aiment un peu le luxe, lorsque leur cidre est parfaitement fermenté et clarifié, ils en mettent environ 80 à 100 douzaines en bouteille pour leur propre usage. Quand il a eu six mois de bouteille, ils ne craignent pas d'en déboucher une bouteille avec un ami et lorsque à deux ils en ont vidé une, les oreilles sont assez chaudes. En les mettant en bouteille, ils jettent un raisin sec dans la bouteille, ce qui donne un petit ferment au cidre, le rend pétillant et mousseux comme le Champagne ; aussi un seul verre fait autant d'effet sur le cerveau que quatre verres de cidre de Normandie.

« Ici on veut que les pommes soient mûres avant que de les mettre sous la meule, mais pas pourries ; s'il s'en trouve quelques-unes, on les jette de côté- J'ai vu en France des monceaux de pommes dans des vergers dont la moitié étaient pourries. Comment peut-on espérer faire de bon cidre avec des pommes pourries ? Impossible. Plus une pomme est mûre, plus le sucre est développé, et par conséquent, plus d'esprit, car c'est le sucre qui donne l'esprit (l'alcool). Tant que le suc de la pomme est et reste dans ses vaisseaux naturels, tout est bien, mais si elle commence à pourrir, le suc est extravasé hors de ses vaisseaux, l'air s'en empare et le fait virer à putréfaction ; voilà la raison pourquoi dans certaines fermes en France, ont boit du cidre abominable. Cependant j'en ai bu de très bon dans les environs de Saint-Lô Le sol est pour beaucoup dans la qualité du cidre. Si vous voulez faire du bon cidre, prenez les pommes dans un verger plutôt élevé, exposé au grand air, en plein soleil, où il y a un fort jour ou une forte lumière, et non dans un verger entouré de grand arbres, dans un bas fond où la lumière, l'air et le soleil ne pénètrent que peu.

C'est le soleil qui fait évaporer l'eau du fruit et développe le sucre. L'été a été favorable au fruit. Cette année le vin devra être bon.

« Entre les six échantillons de pommes douces que je vous envoie, la pomme de Romril est indubitablement la meilleure ; on la trouve tellement bonne pour la fabrication du cidre qu'on peut dire que les deux tiers de nos pommiers sont de cette espèce.

« Si donc, Monsieur, quand viendra la saison de greffer les jeunes pommiers, vous voulez essayer ces espèces de pommes, je me ferai un plaisir de vous envoyer des greffes tant que vous en voudrez.

« Je suis, Monsieur, etc.   James GAUTIER. »

LISTE ALPHABÉTIQUE ET DESCRIPTIVE

DES

POMMES A CIDRE

MISES A L'ÉTUDE

Pendant la Session tenue à Saint-Lô, au mois d'octobre 1869.

Nota. — Les numéros d'ordre qui précèdent les noms de fruits correspondent aux dessins exécutés pendant les séances et faisant partie des archives du Congrès.

---

322. Arseul. — 3e saison. — Arbre vigoureux, de forme pyramidale, très productif. — Fruit moyen, aplati, irrégulier; épiderme jaune, clair semé de quelques points gris ou de macules rougeâtres; œil fermé, dont le tube calicinal va rejoindre les loges, dans une dépression assez profonde, au fond de laquelle naissent des côtes très saillantes; pédoncule assez long, de grosseur moyenne, ligneux, dans une cavité assez profonde et régulière, tapissée de fauve; chair fine, juteuse, sucrée, très légèrement amère. — 4 points. — *Marcey* (*Manche*).

312. Auvêque amer. — 2e saison. — Arbre vigoureux à branches horizontales, fertile — Fruit moyen, tantôt subovoïde, tantôt déprimé ou aplati; épiderme jaune d'or, pointillé ou réticulé de roux fauve et maculé de la même couleur; œil moyen, entr'ouvert ou fermé, dans une cavité assez profonde et peu large, colorée d'une teinte rousse foncée; pédoncule moyen ou un peu long, ligneux, mince, au fond d'une cavité assez profonde et s'évasant, garnie d'une teinte rousse; chair blanc-jaunâtre, très tendre, demi-fine, téndre, peu juteuse. — 2 points. — *Saint-Jean-de-la-Haye*, (*Manche*).

276. **Avoine carrée** ou **Grosse avoine**. — 2ᵉ saison. — Arbre à branches verticales, prenant avec le temps la direction oblique, fertile et vigoureux. — Fruit gros, pyramidal, côtelé dans tout le pourtour; épiderme jaune pâle, verdâtre par parties; œil petit, fermé, dans une cavité étroite, peu profonde, fortement plissée au fond et surmontée de tubérosités; pédoncule extrêmement court, ligneux, dans une cavité très profonde, étroite, également plissée, sillonnée, teintée de gris fauve; chair blanché, demi-fine, sucrée, eau assez abondante, savoureuse. parfumée. — 4 points. — *Tire-pied (Manche)*.

277. **Belœil** ou **Belus**. — 2ᵉ saison. — Sol argileux. — Arbre à tête horizontale, très vigoureux. — Fruit gros, sphérique, déprimé particulièrement à la base, inégalement développé d'un côté; épiderme jaune verdâtre, couvert, particulièrement d'un côté, de larges raies assez espacées, de couleur carmin foncé; œil moyen, fermé, dans une cavité peu profonde, évasée, un peu mamelonnée; pédoncule très court, moyen, ligneux, au fond d'une cavité en entonnoir, profonde et dont les parois sont un peu teintées de gris; chair blanc verdâtre, demi-fine, assez grosse, juteuse, sucrée, légèrement parfumée. — 3 points. — *Saint-Lô et Agneaux (Manche)*.

306. **Blanche**. — 3ᵉ saison. — Sol argilo-siliceux. — Arbre vigoureux et fertile, à branches horizontales. — Fruit petit, pyramidal, bosselé légèrement à la base; épiderme vert jaunâtre, clair-semé de points roux bruns ou verts et taché de quelques macules brunes; œil moyen, fermé, à sépales dressés, dans une cavité très peu profonde, évasée et surmontée de petites protubérances inégales; pédoncule gros, court ou mince et allongé, dans une cavité profonde, étroite, un peu colorée en gris à son sommet; chair blanc verdâtre, fine, serrée, ferme, assez sucrée, assez juteuse, légèrement amère et l'ensemble d'un goût agréable. — 3 points. — *Villiers Fonard*.

296. **Boulogne**. — 2ᵉ saison. — Sol argileux. — Arbre très vigoureux à tête ronde. — Fruit gros, ovoïde, un peu côtelé dans toute sa circonférence; épiderme verdâtre, légèrement teinté de

rouge clair et rayé de rouge plus foncé, couvert de points gris clair-
semés et de taches brunes, irrégulières ; œil moyen, entr'ouvert dans
une cavité assez profonde, étroite, plissée, bosselée, irrégulière ; pédoncule gros, élargi au point d'attache, court, dans une cavité très
profonde, étroite, irrégulière et côtelée, maculée et tapissée de gris
fauve ; chair assez blanche, demi-fine, un peu tendre, moyennement juteuse, pâteuse, peu sucrée, légèrement amère. — 3 points. —
Couvains (Manche.)

298. **Carré**. — Fruit subovoïde et parfois aplati, circonférence
relevée de fortes côtes qui délimitent plusieurs surfaces planes ; épiderme jaune clair, partiellement verdâtre, lavé d'un côté et un peu
rayé de rouge clair, pointillé de vert ; œil fermé, à sépales chiffonnés, dans une cavité peu profonde, assez étroite, mais sillonnée
irrégulièrement de bosses et de côtes ; pédoncule très court, tantôt
à fleur du fruit et tantôt dans une cavité profonde, étroite ; chair
bien blanche, demi-fine, suffisamment juteuse, sucrée, agréablement
parfumée et légèrement odorante. — 5 points. — *Jersey (Angleterre)*

284. **Cartigny**. — Dans les environs de Saint-Lô, cet arbre est
très vigoureux ; mais le bois devient très long ; il est cultivé à cause
de la qualité du fruit que le Congrès n'a pu apprécier.

278. **Coqueret vert**. — 2ᵉ saison. — *La Meausse (Manche.)* Décrit
sous le nᵒ 14.

313. **Coquin Bazire** ou de **Jarni**. — 2ᵉ saison. — Arbre vigoureux et très fertile. — Fruit sphérique, aplati à la base ; épiderme jaune paille, presque entièrement recouvert par une teinte
carmin, variant du clair au très foncé, ou rayé de la même couleur ;
œil assez gros, entr'ouvert, dans une cavité très peu prononcée et
régulière ; pédoncule moyen ou long, mince, ligneux, dans une cavité un peu grisâtre ; chair blanc jaunâtre, fine, assez serrée, peu
juteuse, sucrée, aromatisée, légèrement amère. — 4 points. —
Crollon (Manche.)

305. **Crolon**. — 2ᵉ saison. — Arbre peu vigoureux, branches horizontales. — Fruit moyen, sphérique, aplati aux deux extrémités,
côtes peu prononcées ; épiderme jaune paille, disparaissant presque
entièrement sous une teinte rouge carmin et recouverte de raies

carmin foncé; œil petit, fermé, placé dans une cavité très peu profonde et peu élargie, sillonnée par quelques petits plis; pédoncule rudimentaire, au fond d'une cavité assez profonde et évasée, régulière et tapissée de gris fauve; chair blanche, assez fine, assez juteuse, peu sucrée, amère, légèrement aromatique. — 4 points. — *Villiers-Fossard* (*Manche*.)

293. **Douce Capplier.** — 2° saison. — Fruit petit, ovoïde, aplati à la base, un peu plus développé d'un côté que de l'autre, circonférence légèrement marquée de côtes; épiderme jaune paille, partiellement lavé d'une légère teinte de carmin sur laquelle sont parsemés des raies et des points de la même couleur plus foncée; œil petit, fermé, à sépales chiffonnés, dans une cavité peu profonde, peu évasée, plissée, côtelée, irrégulière; pédoncule court, assez gros, ligneux, dans une cavité peu profonde, évasée, régulière, largement teintée de gris fauve clair: chair blanche, un peu tendre, assez fine; eau suffisante, sucrée, parfumée, légèrement amère. — 5 points. — *Jersey* (*Angleterre*.)

297. **Douce Dame.** — Cette espèce, généralement cultivée dans l'île de *Jersey* (*Angleterre*), a été décrite précédemment.

292. **Doux auvèque d'hiver.** — Ce fruit a été reconnu le même que celui décrit sous le n° 45 du catalogue descriptif du Congrès. — *Cavigny* (*Manche*.)

274. **Doux Lozon.** — 2° saison. — Sol argileux sur tuf ferrugineux. — Arbre à branches plutôt horizontales que verticales, très fertile, sain et vigoureux. — Fruit moyen, sphérique, aplati à la base; épiderme à fond jaune paille, lavé de rouge et strié de rouge plus foncé, marbré de roux; œil petit, fermé, dans une cavité peu profonde, parfois irrégulière; pédoncule moyen, court, charnu, dans une cavité étroite, profonde, teintée de fauve; chair blanc jaunâtre, demi-fine, sucrée, peu juteuse, pâteuse, légèrement aromatisée; a obtenu le chiffre de 6 points, par suite du cas qu'on en fait dans la localité. — 6 points. — *Sacey* (*Manche*), *Saint-Lô et environs*.

Plusieurs membres, en s'appuyant des précédents du Congrès, de la règle qui a constamment présidé à ses opérations, proposent de n'accorder que 3 points à cette espèce, parce qu'à leurs yeux elle manque d'une des qualités essentielles des pommes de premier ordre classées avec 6 points. Si le Doux Lozon est sucré et légèrement aromatisé, il n'est pas très juteux.

D'autres personnes, MM. de Beaucoudray et Vengeons entre autres, assignent, au contraire, à ce fruit la place la plus distinguée, et demandent pour lui le maximum de 6 points, parce qu'il n'y a pas, à les en croire, de pommes de meilleure qualité, donnant un cidre aussi bon; si elle est pâteuse, c'est que l'échantillon est trop mûr, passé, et ne peut être apprécié comme il le mérite.

La question est mise aux voix et la cote 6 points accordée au Doux Lozon. Il est, toutefois, entendu que la minorité n'accepte ce résultat que sous toutes réserves.

300. Douze au Gobet. — Ce fruit, dégusté de nouveau, a été trouvé réunir les mêmes qualités que le n° 47, provenant du même pays. — *Avranches (Manche.)*

279. Fausse Douce-Dame. — 2° saison. — Sol argileux. — Arbre semi-montant, vigoureux, très fertile, à bois clair. — Fruit gros, conique, tendant à se développer plus d'un côté que de l'autre; épiderme d'un beau jaune clair, parcouru d'un côté par des rayures très espacées, d'un carmin vif, ponctué de gris sur toute la surface; œil grand, demi-ouvert, dans une cavité peu profonde, étroite, plissée et mamelonnée; pédoncule très court, ligneux ou charnu, dans une cavité assez profonde, irrégulière, étroite et tapissée d'une teinte gris fauve; chair blanche, assez tendre, demi-fine, peu juteuse, sucrée, très légèrement amère et légèrement parfumée. — 2 points. — *Saint-Lô (Manche).*

290. Fi d'hiver. — 1re saison. — Sol argileux. — Le fruit n'a pas pu être de nouveau dégusté, étant trop mûr. Il donne, aux environs de Saint-Lô, d'excellent cidre.

291. Fi d'hiver rond. — 1re saison. — Arbre vigoureux, tête pyramidale un peu aplatie. — Fruit petit, aplati, se développant particulièrement d'un côté; épiderme jaune paille, très légèrement lavé de rouge clair, taché de points espacés, parfois assez gros, de rouge plus foncé (seulement sur une partie), maculé de gris fauve; œil assez grand, entr'ouvert, à sépales noirâtres, irrégulièrement dressés; pédoncule moyen, assez mince, ligneux, dans une cavité très peu profonde, mais fortement maculée d'une teinte brunâtre ; chair blanche, légèrement jaunâtre, demi-grosse, très tendre, peu juteuse, sucrée, légèrement amère, parfumée. — 4 points. — *Saint-Lô.*

316. Folligny. — 2ᵉ saison. — Sol argilo-calcaire. — Arbre très développé, de forme horizontale, très fertile. — Fruit moyen, aplati, plus développé d'un côté que de l'autre ; épiderme jaune paille, disparaissant presque entièrement sous une teinte de rouge carmin, parfois très foncé, variée par des points ou des rayures de la même teinte. On y remarque aussi quelques points gris très fins. Le tube calicinal, pénètre jusqu'aux loges. Œil fermé à sépales droits et chiffonnés dans une cavité moyennement profonde, se terminant d'une manière un peu brusque, autour de laquelle se trouvent de petites côtes entremêlées de quelques protubérances : pédoncule gros, très court, très charnu, dans une cavité assez profonde, plus ou moins large, mais légèrement sillonnée et peu régulière ; chair blanc jaunâtre, demi-fine, peu serrée, juteuse, un peu tendre, sucrée, un peu amère. — 5 points. — *Torigny-sur-Vire (Manche)*

320 Franc-Suret. — 3ᵉ saison. — Sol argileux. — Arbre très développé et extrêmement productif à tête de forme très pyramidale. — Fruit moyen, conique ; épiderme verdâtre, légèrement rayé ou maculé d'un côté de rouge brun ; œil fermé, dans une cavité évasée, très peu profonde, dont les parois sont irrégulièrement plissées ou côtelées ; pédoncule ligneux, de longueur et de grosseur moyenne, dans une cavité assez profonde et assez évasée à sa naissance, un peu teintée de gris ; chair blanc verdâtre, serrée, assez fine, juteuse, sucrée, annonçant un bon fruit lors de la maturité complète. — 3 points. — *Sortosville-en-Beaumont (Manche.)*

Cette pomme a été dégustée avant entière maturité. Elle adhère fortement à l'arbre.

302. Fréquin (Gros). — 2ᵉ saison. — Arbre vigoureux, à tête demi-pyramidale. — Fruit moyen, à peu près sphérique ; épiderme jaune, rayé de carmin sur une grande partie de la surface et teinté de la même couleur, points gris assez rares ; œil fermé à sépales dressés et irréguliers, dans une cavité très peu sensible ; pédoncule assez long, assez gros, ligneux, dans une cavité régulière, peu évaséc et peu profonde ; chair blanc jaunâtre, demi-fine, assez juteuse, assez ferme, assez sucrée et amère. — 5 points. — *Avranches (Manche)*.

309. Gay. — 2ᵉ saison. — Arbre vigoureux, à branches horizontales. — Fruit moyen, aplati à la base, à circonférence irrégulièrement développée ; épiderme jaune clair, légèrement lavé de carmin clair sur une partie, laquelle est parsemée de raies ou de taches de carmin foncé et pointillée dans toute la surface de gris roux ; œil moyen, entr'ouvert, dans une cavité petite, un peu étroite et sillonnée de quelques petits plis ; pédoncule moyen, court, charnu, dans une cavité étroite au sommet et s'évasant fortement, teintée de roux fauve ; chair blanc de neige, fine, serrée, juteuse, sucrée, un peu amère à l'approche de l'épiderme — 4 points. — *Environs d'Avranches*.

272. Gros Cœur. — 2ᵉ saison. — Sol liasique. — Arbre assez fertile, à tête arrondie, vigoureux. — Fruit assez gros, tantôt arrondi-déprimé, tantôt rétréci vers le sommet ; épiderme jaune assez clair, lavé de carmin et strié de carmin clair et vif du côté du soleil ; œil petit, dans une cavité assez profonde, peu évasée, irrégulière, légèrement plissée, peu ouvert ; pédoncule assez gros, charnu et court, dans une cavité profonde, étroite, tapissée d'une teinte fauve ; chair blanche, assez fine, assez ferme, assez juteuse, sucrée, légèrement amère, légèrement parfumée. — 5 points. – *Agy (Calvados)*.

271. Gros Court. — 2ᵉ saison. — Sol liasique. — Arbre de forme cônique, très fertile. — Fruit cylindrique, aplati sur les deux extrémités ; chair assez fine, assez juteuse, sucrée, amère. Très estimé dans l'arrondissement de Bayeux. — 4 points. — *La Vacquerie (Calvados)*.
Déjà décrit sous le nᵒ 13.

286. Gros-doux. — 2ᵉ saison. — Dans les environs de Saint-Lô, l'arbre est très vigoureux. — Espèce peu cultivée. — Décrite au nᵒ 73.

270. Gros Paradis rouge. — 2ᵉ saison. — Sol liasique. — Arbre à tête arrondie, assez vigoureux et fertile. — Fruit ovoïde, très gros, rétréci au sommet ; circonférence relevée de grosses côtes peu saillantes ; épiderme colorié en carmin foncé, légèrement rayé de carmin plus foncé encore, parsemé de gros points et de quelques taches grises ; œil moyen, fermé ou entr'ouvert, dans une cavité un peu plissée et couronnée par des tubérosités ; pédoncule gros, court, charnu ou ligneux, plongé dans une cavité profonde un peu irrégulière et colorée en gris ; chair blanche légèrement verdâtre, demiferme, assez grosse ; eau très abondante, sucrée et parfumée. — 3 points. — *Bayeux (Calvados)*.

295. **Gros vert de Jersey.** — Fruit très gros, jaune et pointillé de gris. Très acide. — Rejeté. — *Jersey (Angleterre)*.

288. **Haut Griset de Saint-Lo.** — 3ᵉ saison. — Sol argileux. — Arbre vigoureux, à tête pyramidale. — Fruit moyen, sphérique, aplati à la base, se développant plus d'un côté que de l'autre ; épiderme jaune pâle, légèrement teinté ou rayé de carmin, couvert, soit de points, soit de larges taches de roux fauve ; œil presque à fleur du fruit, entouré de petites granulations charnues, séparées par des sillons ; pédoncule gros ou moyen, court, charnu, dans une cavité très peu profonde, évasée, tapissée de gris ; chair blanche, assez grosse, peu juteuse, pâteuse et d'une bonne amertume, assez sucrée, assez odorante. — 4 points. — *Saint-Lo*.

303. **La Huguenote.** — Ce fruit dégusté a été trouvé trop acide pour pouvoir être employé à la fabrication du cidre. — Cette pomme, très répandue dans le canton de Bréhal, arrondissement de Coutances (Manche), a été importée de Jersey.

275. **Le Franget.** — 3ᵉ saison. — Sol sableux. — Arbre à branches verticales, fertile, sain. — Fruit gros, un peu déprimé aux deux extrémités ; chair jaune verdâtre. — Rejeté à cause de son acidité.

304. **Long Bois.** — 2ᵉ saison. — Sol argileux. — Arbre vigoureux et très fertile, à branches verticales. — Fruit moyen, sphérique, très aplati vers la base et déprimé d'un côté ; épiderme jaune verdâtre, légèrement lavé de rouge clair et maculé de rouge brun, pointillé et marbré de roux fauve ; œil moyen, fermé, dans une cavité moyennement profonde, peu évasée, sillonnée de quelques plis ; pédoncule court ou moyen, ligneux, assez mince, dans une cavité régulière, assez profonde, étroite au fond et s'évasant brusquement, occupée par une large macule de roux fauve s'irradiant sur la base du fruit ; chair blanche, un peu verdâtre sous la peau,

assez fine, serrée et tendre ; eau assez abondante, peu sucrée, légèrement parfumée. — 3 points. — *Villiers-Fossard* (*Manche*).

Nota. Les exemplaires n'étaient pas à parfaite maturité.

281. Marin Onfroy. — 2ᵉ saison. — Cette espèce, dans le département de la Manche, est fertile, et l'arbre vigoureux aux environs de Saint-Lo. Dans les autres arrondissements elle ne peut pas prospérer.

317. **Méhou** - 1ʳᵉ saison. — Arbre très développé, horizontal et très fertile. — Fruit moyen, conique, circonférence marquée de rudiments de côtes ; épiderme jaune blanc, clairsemé de quelques rayures et de taches carmin et marqué de points roux très fins ; œil fermé, à sépales irréguliers, dressés, à fleur du fruit, dans un emplacement entouré irrégulièrement de bosselettes charnues, séparées par des sillons ; pédoncule long, charnu et mince, dans une cavité étroite, profonde, régulière ; chair blanc de neige, un peu grosse, légère, juteuse, légèrement sucrée, amère et légèrement parfumée. — 4 points. — *Le Vrétot* (*Manche*).

289. Meunier ou Monnier. — 3ᵉ saison. — Sol argileux. — Le fruit nouvellement présenté a été reconnu identique à celui déjà décrit sous les mêmes dénominations et mériter les 5 points précédemment accordés.

285. Patte d'Oie, *syn.* **Aufriche tendre,** à Tuéville, près Corbin, canton de Thorigny. — 2ᵉ saison. — Arbre très vigoureux, tête légèrement pyramidale et arrondie. — Fruit moyen, sphérique-aplati, se développant particulièrement d'un côté ; épiderme jaune paille, en partie teinté de rouge carmin et recouvert de raies rouges carmin, parsemé de très gros points gris fauve ; œil petit, entr'ouvert, dans une cavité très peu sensible, assez régulière, évasée ; pédoncule très court, charnu, dans une cavité moyennement profonde, couverte d'une large teinte grisâtre ; chair blanche, demi-fine, tendre, juteuse, sucrée, légèrement amère. — 3 points. — *Saint-Lô.*

280. **Pepinot.** - Fin de 2ᵉ saison. — Sol argileux. — Arbre vigoureux, un peu pyramidal. — Fruit moyen, pyramidal-aplati ; épiderme jaune verdâtre, lavé et strié de rouge foncé, marbré et taché de gris fauve, l'ensemble présentant une teinte foncée ; œil

petit, fermé, resserré dans une cavité très peu profonde, plissée, mamelonnée et particulièrement couverte de petites tubérosités qui donnent aux parois une apparence des plus irrégulières; pédoncule très variable, long ou très court, tantôt charnu, tantôt ligneux, dans une cavité assez profonde, très étroite ; chair blanche, légèrement verdâtre, demi-fine, juteuse, sucrée, avec une légère amertume, parfumée. — 5 points. -- *Saint-Lo et environs (Manche).*

301. **Petit Fréquin**, *syn*. **Petit Colin**. — Ce fruit a été reconnu le même que celui décrit dans le Bulletin de la Société de la Seine-Inférieure. Il faut ajouter qu'il est franchement amer et qu'en raison de cela on lui a accordé 5 points. Néanmoins le Congrès ne recommande pas spécialement cet arbre, à cause de son peu de vigueur. -- *Avranches (Manche).*

310. **Pétro**, *syn*. **Fort-Bois**, à Saint-Loup, arrondissement d'Avranches (Manche). — 2ᵉ saison. — Arbre très vigoureux, à tête horizontale et arrondie. — Fruit assez gros ou moyen, cônique, rétréci à la base ; épiderme jaune, presque entièrement recouvert d'une légère teinte et de fortes rayures de carmin foncé ; œil petit, entr'ouvert, dans une cavité peu sensible, entourée de gibbosités, pédoncule assez long, fin, ligneux, dans une cavité peu profonde, assez ouverte et peu régulière. -- 4 points. — *Le Val-Saint-Pair (Manche).*

323. **Pomme à la Coline**. — 2ᵉ saison. — Arbre vigoureux et fertile, à tête ronde. — Fruit moyen, aplati vers la base, légèrement rétréci au sommet ; épiderme jaune, en grande partie lavé de carmin clair et rayé ou maculé de carmin plus foncé, pointillé de gris ; œil moyen, entr'ouvert, dans une cavité peu profonde peu évasée et assez régulière, teintée de gris ; pédoncule mince, ligneux, très court, dans une cavité assez profonde, très étroite et en entonnoir, garnie de gris brun ; chair blanche, demi-fine, ferme, bien sucrée, juteuse, parfumée. — 5 points. -- *Crollon et Grécey (Manche).*

283. **Pomme de Jérusalem**. — 2ᵉ saison. — Sol argileux. — Arbre vigoureux, tête pyramidale. — Fruit moyen ou petit, sphérique, aplati ; épiderme d'un beau jaune doré, disparaissant en grande partie sous une teinte carmin vif, parsemé de stries et de points de même couleur ; œil moyen, fermé, dont les sépales ont

une teinte verdâtre, dans une cavité peu profonde, assez évasée, mais entièrement côtelée et mamelonnée ; pédoncule moyen, charnu, très large vers le point d'attache, dans une cavité assez étroite, moyennement profonde, un peu teintée de gris ; chair blanc verdâtre, un peu grosse, très tendre, juteuse, douce, sucrée, parfumée. — 3 points. — *Saint-Lô (Manche.)*

282. **Pomme de Saint-Lô.** — 3e saison. — Sol argileux. — Arbre très vigoureux, de forme pyramidale évasée. — Fruit aplati, moyen ; épiderme dont la couleur jaune disparaît presque entièrement sous une teinte rouge foncé et partiellement strié, taché de gros points gris fauve ; œil grand, ouvert, dans une cavité peu profonde, moyennement large, un peu côtelée ; pédoncule moyen, ligneux ou charnu, de moyenne grosseur et moyenne longueur, dans une cavité assez profonde, peu évasée, entièrement tapissée de gris fauve ; chair blanc jaunâtre, demi-fine, tendre, moyennement juteuse, bien sucrée, parfumée. — 4 points. — *Saint-Lô (Manche.)*

315. **Pomme d'Ordre.** — Cette pomme, décrite au n° 49 sous le même nom, a mérité, après une nouvelle appréciation, 5 points.

314 **Pomme Picharde.** — 2e saison. — Arbre extrêmement fertile et très vigoureux. — Fruit très petit, ovoïde, aplati a la base ; épiderme jaune un peu verdâtre, légèrement teinté ou rayé d'un côté de carmin clair, très finement pointillé de fauve ; œil fermé, petit, presque à fleur du fruit, entouré d'une macule gris foncé ; pédoncule ligneux, moyen, assez mince, dans une cavité très peu profonde et évasée, tapissée de gris ; chair blanc verdâtre, fine, serrée, moyennement juteuse, sucrée et amère, assez parfumée. — 4 points. — *Marcey (Manche.)*

308 **Pomme Poire.** — 2e saison. — Arbre très fertile et vigoureux, à branches horizontales. — Fruit moyen, sphérique, aplati aux deux extrémités ; épiderme jaune, très légèrement fouetté de gris clair sur une faible partie, parsemé de petits points grisâtres, de macules et de marbrures grises ; œil assez gros, ouvert, dans une cavité peu profonde, assez évasée et assez régulière ; pédoncule long, mince et ligneux dans une cavité assez profonde et évasée sensiblement, teintée de gris ; chair blanc jaunâtre, assez fine, serrée, sucrée, juteuse, aromatisée agréablement. — 5 points. — *Villiers-Fossard.*

273. **Popeline.** — 2e saison. — Sol argileux. — Arbre à branches horizontales, fertile, sain et vigoureux. — Fruit assez gros, aplati, beaucoup plus développé d'un côté que de l'autre; épiderme jaune, très légèrement verdâtre, très faiblement strié de carmin, par parties très éparses; œil grand, fermé, dans une cavité peu profonde, évasée, irrégulière, plissée et mamelonnée; pédoncule gros, court et très charnu, dans une cavité large, assez profonde, teintée de gris fauve; chair blanche, tendre, peu serrée, peu sucrée, peu juteuse, un peu sèche, parfumée. — 2 points. — *Robehomme* (*Calvados*).

318. **Prâtret.** — 2e saison. — Sol argileux. — Arbre très développé et très productif, de forme pyramidale. — Fruit gros, conique, parfois tronqué, circonférence un peu irrégulière; épiderme jaune paille un peu verdâtre, rayé, taché ou lavé de carmin parfois foncé, pointillé ou marbré de gris fauve; œil, dans une cavité étroite, peu profonde, peu évasée, rendue très irrégulière par des plis ou des gibbosités, peu entrouvert; pédoncule rudimentaire, très charnu, s'attachant fortement à l'arbre, dans une cavité profonde, large, très évasée, assez régulière et tapissée de fauve; chair blanc neige, demi-fine, juteuse, amère, parfumée. — 4 points — *Sortosville en-Beaumont* (*Manche*).

294. **Romril.** — 3e saison. — Arbre pyramidal. — Fruit aplati; épiderme jaune verdâtre, lisse, teinté partiellement de rouge-brun, parsemé de petits points verdâtres; œil moyen entr'ouvert, à sépales renversés, dans une cavité étroite, profonde et plissée; pédoncule assez long, ligneux, assez mince, dans une cavité profonde, très étroite, légèrement côtelée, teintée et rayée de jaune-clair; chair blanc-verdâtre, demi-fine, très serrée, modérément juteuse, aromatisée. — 5 points. — *Jersey* (*Angleterre*).

311. **Surannée.** — 2e saison. — Arbre vigoureux, plutôt vertical qu'horizontal, très fertile. — Fruit petit, aplati, plus développé d'un côté que de l'autre; épiderme jaune, rayé partiellement de carmin sur teinte de carmin-clair, maculé par endroits de brun-gris; œil moyen, à sépales entr'ouverts, dans une cavité peu profonde, assez évasée, entourée de quelques petites inégalités à l'intérieur; pédoncule long, mince, ligneux, dans une cavité, moyennement pro-

fonde, très ouverte, teintée de gris-brun au sommet; chair blanche, fine, assez serrée, moyennement juteuse, sucrée et amère, légèrement parfumée. — 4 points. — *Marcey* (*Manche*).

319. Tambour. — 2e saison. — Sol argileux. — Arbre d'un grand développement et productif, à tête arrondie, un peu conique. — Fruit moyen, conique, dont la circonférence irrégulière est divisée par des côtes; épiderme jaune, disparaissant sous une teinte d'un beau carmin, rayé dans toute la circonférence de carmin très foncé et pointillé de gris; œil fermé, moyen, dans une cavité très peu profonde, assez évasée, plissée, côtelée, surmontée de protubérances; pédoncule moyen, placé au fond d'une sorte d'entonnoir tapissé de gris-verdâtre, à surface irrégulière; chair blanche, parfois veinée de rose sous l'épiderme, demi-fine, très tendre, un peu pâteuse, manquant de jus, sucrée, parfumée, d'une saveur peu relevée. — 2 points. — *Sortosville-en-Beaumont* (*Manche*).

324. Tombelaine. — 2e saison. — Arbre très fertile, vigoureux, à tête ronde. — Fruit sphérique, aplati; épiderme jaune-paille, pointillé de gris, teinté ou lavé de rouge pâle, maculé de rouge-brun; œil grand, à sépales dressés, fermé, dans une cavité peu profonde, évasée, dont les parois sont parfois sillonnées et teintées de gris; pédoncule ligneux, très court, dans une cavité régulière, très profonde, peu évasée, couverte d'une large teinte grise; chair blanche, demi-fine, un peu tendre, assez juteuse, modérément sucrée et très légèrement amère. — 2 points -- *Vains* (*Manche*).

287. Trochet de Saint-Lô. — 3e saison. — Arbre vigoureux, à tête pyramidale, fertile. — Fruit moyen, très aplati; épiderme verdâtre, jaunissant à maturité, lavé et rayé partiellement de rouge-clair, clair-semé de points verdâtres; œil assez grand, irrégulier, à sépales dressés, dans une cavité très profonde, peu évasée, fortement plissée, côtelée, légèrement teintée de gris; pédoncule assez gros, très court, dans une cavité très profonde, évasée, colorée en gris-roux, irrégulière, souvent garnie de petites protubérances charnues; chair blanche, légèrement verdâtre, assez fine, juteuse, sucrée parfumée. -- 4 points. — *Saint-Lô* (*Manche*).

Vaux ou **William** : importé de Jersey (Angleterre). — 2e saison.

13

— Sol argileux. — Arbre très développé, très productif et de forme ronde. — Fruit moyen, conique, très rétréci au sommet, tendant à se développer d'un côté; épiderme jaune clair, finement pointillé de verdâtre, lavé et rayé d'un côté de rouge terne; œil fermé, petit, dans une cavité peu sensible, dont les parois sont irrégulièrement sillonnées et côtelées; pédoncule assez long, ligneux et mince, dans une cavité très étroite au sommet, s'évasant un peu et irrégulière dans ses parois, qui sont un peu teintées de gris; chair blanc-verdâtre, demi-fine, juteuse, sucrée, un peu amère. — 4 points. — *Sortosville-en-Beaumont et Barneville (Manche)*.

Vermeille de Souilley. — 2ᵉ saison. — Arbre d'une forme ronde, vigoureux — Fruit petit, de forme aplatie, rétréci par le sommet; épiderme jaune clair, disparaissant presqu'entièrement sous une teinte d'un beau carmin vif, nuancé et rayé de parties plus foncées, parsemé de points clairs; œil moyen, presque fermé, à sépales chiffonnés, dans une cavité petite, peu profonde, très irrégulière, sillonnée et bosselée; pédoncule court, ligneux, assez mince, au fond d'une cavité étroite, évasée à l'orifice, profonde et régulière, teintée de gris-fauve clair; chair blanche, fine, juteuse, rosée sous l'épiderme, moyennement sucrée, finement parfumée. — 3 points. — *Marcey (Manche)*.

307. **Villechien.** — 2ᵉ saison. — Arbre très productif, à branches horizontales. — Fruit moyen, un peu aplati, à circonférence relevée par des côtes; épiderme jaune, parsemé de points fins, variant du vert au gris; œil grand, fermé, dans une cavité moyennement profonde, assez évasée et couronnée de mamelons, plissée et côtelée à l'intérieur; pédoncule moyen, assez gros, court, adhérant au fruit dans sa hauteur par une protubérance charnue, placée dans une cavité irrégulière, peu profonde, assez évasée, tapissée par une large macule de roux-fauve; chair jaunâtre, assez grosse, tendre, pâteuse, peu juteuse, amère, parfumée et peu sucrée. — 3 points. — *Villiers Fossard*.

CONGRÈS

POUR

L'ÉTUDE DES FRUITS A CIDRE.

— ◆ —

PROCÈS VERBAUX DES SÉANCES (1).

— ◆ —

Première Séance. — 10 *octobre* 1868.

La séance est ouverte à une heure et demie de relevée.
Etaient présents :

MM. L. de Boutteville, chevalier de la Légion d'Honneur, vice-président de la Société d'Horticulture de la Seine-Inférieure ;

Michelin, délégué de la Société impériale et centrale d'Horticulture de France ;

Damours, pépiniériste à Roncherolles, membre du Conseil d'administration du Congrès ;

Louis Auvray, maire de Saint-Lô ;

Bataille, délégué de la Société d'Horticulture d'Avranches ;

De Bonnechose, propriétaire à Monceaux, près Bayeux, délégué de Caen ;

Th. Elie, Président de la Société d'Horticulture de l'arrondissement de Saint-Lô ;

Bottin, chevalier de la Légion d'Honneur, Juge de Paix de Carentan ;

D. Huet, avocat, A. Marie, J. Michel, Dalimier, Thouroude, propriétaire à Agneaux, membres de la Société d'Horticulture de Saint-Lô ;

(1) Les séances consacrées uniquement à l'étude des fruits ci-dessus décrits n'ont pas donné lieu à des procès-verbaux spéciaux.

Ganne de Beaucoudray, propriétaire à Beaucoudray, président du Comice ;

Leclerc, maire et cultivateur à la Meauffe ;

Et Lepingard, secrétaire de la Société d'Horticulture de Saint-Lô.

NOMINATION DES MEMBRES DU BUREAU. — Placée sous la présidence de M. de Boutteville, l'assemblée procède à la formation du Bureau du Congrès pour la cinquième session.

Sont nommés à l'unanimité :

Président d'honneur, M. le maire de Saint-Lô ;

Président, M. Elie, Président de la Société d'Horticulture ;

Vice-Président, M. Michelin, délégué de la Société Impériale de France ;

Secrétaire, M. Lepingard, Secrétaire de la Société d'Horticulture de Saint-Lô ;

Premier Vice-Secrétaire, M. D. Huet, avocat ;

Deuxième Vice-Secrétaire, M. E. Didier, architecte ;

Aide-Secrétaire, M. Lesaulnier, employé.

ORDRE DES TRAVAUX. — Sur la proposition de M. de Boutteville, le Congrès fixe, de la manière suivante, l'ordre et la tenue de ses séances pour toute la session :

1re séance, de huit heures à dix heures et demie du matin ;

2e séance, de deux heures à quatre heures et demie du soir ;

3e séance, à sept heures et demie du soir.

Les deux séances de jour sont destinées à l'étude des fruits à cidre.

La séance du soir sera consacrée à celle de la fabrication et à la dégustation des cidres ainsi qu'à l'examen des mémoires relatifs à la fabrication de cette boisson.

CORRESPONDANCE ET COMMUNICATIONS DIVERSES. — M. le Président dépose sur le bureau :

1° Une lettre de M. le Secrétaire général de la Société impériale et centrale d'Horticulture de la Seine, faisant connaître que la Société désigne M. Michelin pour la représenter au Congrès ;

2° Une autre lettre de M. le Secrétaire de la Société centrale d'Horticulture du Calvados, annonçant la désignation de MM. Thiéry, de Bonnechose et Berjot comme représentants de cette Association ;

3° Une lettre de M. d'Elbée, Vice-Président de la Société d'Horticulture de Beauvais, le prévenant de son dessein de prendre part aux travaux du Congrès ;

4° Les regrets exprimés par M. Sirodot, de Rennes, de ne pouvoir participer à la présente session.

M Michelin communique ensuite une lettre qu'il a reçue de M. Mary, Inspecteur général des Ponts et Chaussées, à Paris. Ce correspondant, membre de la Société d'Horticulture impériale et centrale, remercie M. Michelin d'avoir si lumineusement fait, dans le Bulletin de la Société générale, le compte-rendu de la quatrième session du Congrès Pomologique, tenue à Beauvais. Il y a puisé d'excellentes notions ; il applaudit à des efforts qui tendent à développer une branche si importante de la richesse agricole. Mais il se demande si les promoteurs de l'idée ne pourraient pas faire plus, en envoyant, à tous ceux qui en réclameraient, des greffes des meilleures variétés pour remplacer de mauvais fruits par de bons. Il voudrait aussi que le Bulletin de la Société d'Horticulture complétât le compte-rendu en ce qui concerne la fabrication du cidre *par déplacement*. A cet égard il fait appel à la bonne volonté de l'honorable M. Michelin. Acte est donné de la communication.

Enfin, M. Michelin dépose sur le Bureau un numéro du *Journal d'Agriculture* annonçant la tenue à Saint-Lô de la cinquième session du Congrès. L'article fait appel au bon concours des Sociétés d'Agriculture et d'Horticulture ainsi qu'aux cultivateurs de toute la région

Sur la proposition de M. le Président Elie et par exception, le Congrès décide que la deuxième séance de jour du lundi sera consacrée à l'étude de la fabrication et à la dégustation du cidre. Cette séance sera publique.

COMPTES DU TRÉSORIER. — M. de Boutteville, suivant en cela les errements accoutumés, donne lecture des comptes du Trésorier du Congrès. Il résulte de ces comptes que l'encaisse au 22 juillet dernier était de . . . . 408 fr. 13
Et les cotisations à recouvrer de. . . . . . . 845 »

Total . . . . 1,253 fr. 13

Ces comptes ont reçu l'approbation du Conseil d'administration du Congrès Pomologique. A l'occasion de leur présentation, il exprime des regrets de la retraite de M. Haudrechy, qui avait bien voulu se charger des fonctions de Trésorier.

ADMISSION DE MEMBRES. -- Sur la proposition de M. de Boutteville, MM. Auvray, Maire de Saint-Lô, et Th. Elie, Président, de Beaucoudray, Président du Comice de Torigny, sont admis au nombre des Membres du Congrès.

Deuxième Séance. — 10 *octobre* 1868.

Etaient présents : MM. Th. Elie, président, Michelin, de Boutteville, L. Auvray, Ganne de Beaucoudray, Vengeons, Bataille, A. Marie, J. Michel, Damours, Malherbe, et Lepingard, secrétaire.

Le procès-verbal de la précédente séance est lu et adopté.

MÉMOIRES PRÉSENTÉS. M. le Président donne la parole à M. de Boutteville, qui fait remarquer à la réunion que la séance devait être consacrée à la lecture et à l'appréciation des mémoires transmis à la Société d'Horticulture de Saint-Lô, sur la fabrication et la conservation du cidre ; que ces mémoires étant en nombre considérable, il faudrait une force surhumaine pour les examiner et en peser la valeur durant les quelques séances que tiendra le Congrès. Il propose donc de confier à une commission le soin d'étudier ces documents et de les classer par ordre de mérite. Plus tard, le Congrès ferait connaître aux auteurs des mémoires le jugement qu'il en aurait porté.

Un membre fait remarquer qu'il est à regretter que ce renvoi ait lieu ; mais il le trouve forcé et il partage complètement la pensée du préopinant. Toutefois il croit utile de consigner dans le rapport qui sera fait mercredi 14, en séance publique de la Société d'Horticulture, l'expression des regrets qu'éprouve le Congrès de ne pas répondre immédiatement à la juste attente des concurrents

La proposition de M. de Boutteville est adoptée

CAPACITÉ DES TONNEAUX. — Pour ne pas perdre un instant et profiter de la présence d'agriculteurs et de praticiens auxquels leurs occupations ne permettront peut-être pas d'assister régulièrement aux séances, M. de Boutteville les interroge sur la capacité que doivent avoir les fûts dans lesquels se conserve le cidre. Tous s'accordent à reconnaître que plus les fûts sont grands, meilleure est la boisson. Les tonneaux de 13 à 14 hectolitres sont excellents, mais les tonnes de 60 hectolitres et plus sont meilleures encore, surtout pour les petits cidres consommés dans la ferme.

Il est toutefois à noter que pour les petits cidres leur conservation dans les grands fûts est attribuée à ce que les tonnes sont assez promptement vides, autrement leur contenu *durcirait*. On doit rejeter les barriques et même les pipes comme donnant des cidres de qualité médiocre, sinon mauvaise.

RENDEMENT DES POMMES EN JUS. — Interrogés sur la quantité de pommes qu'il convient de brasser pour un tonneau de 14 à 15 hectolitres, les praticiens présents la fixent ainsi : Pommes de première saison, 60 hectolitres ; de deuxième saison, de 50 à 55, de troisième, entre 60 et 65 hectolitres. Le jus est pur et obtenu par le pressurage en usage dans le pays.

M. de Boutteville fait à cette occasion l'observation que les moyens d'extraction usités dans nos campagnes sont primitifs et rudimentaires ; qu'il ne retirent pas des pommes tout ce que celles-ci peuvent donner ; que les parties solubles sont de 95 p. 0/0 à peu près : que ne retirant en majeure partie que 30 p. 0/0 avec les appareils dont elle dispose en général, l'agriculture perd presque 2/3 des principes utiles.

A cela, M. Lepingard pose la question de savoir si, en gagnant *en quantité*, l'on ne perdrait pas *en qualité* ?

M. de Boutteville répond que c'est là une question sérieuse à examiner ; mais qu'il constate l'imperfection du pressurage actuel quant au rendement en jus.

M. Vengeons soutient qu'en demandant trop aux pommes, qu'en exprimant le jus des marcs à fond on fait de mauvais cidres. A son avis, le premier jus, celui qui découle naturellement du marc placé sur *l'évier* est de beaucoup le meilleur ; le deuxième jus obtenu par pression n'a déjà plus le même goût, la même qualité, mais il est plus fort.

Il vendra le premier au bourgeois, parce que dans la contrée le cidre de provision est le meilleur, le préféré du moins ; le second, il le livrera aux cabaretiers, parce qu'il a plus de montant et qu'il est plus capitaux. M. Vengeons cite comme exemple ce qu'il a pratiqué et ce qu'il pratique encore. Il a fait un seul marc de 90 à 100 hectolitres de pommes. Ce marc lui a donné quatre tonneaux et une pipe. La qualité du cidre allait en décroissant au fur et à mesure qu'un tonneau se remplissait ; en sorte que le premier était préférable au deuxième, celui-ci au troisième et ainsi de suite. La pipe était très inférieure au premier tonneau. Dernièrement, il a pressuré un marc de deux tonneaux, le même phénomène s'est reproduit.

M. Ganne de Beaucoudray n'est pas éloigné de s'associer à l'opinion de M. Vengeons. La mère goutte est toujours la meilleure. Mais comme, dans son exploitation, son nombreux personnel consomme une grande quantité de cidre, il n'en fait que de léger ; or, pour donner au liquide une force convenable, tout en employant le moins de pommes possible, il remue à diverses reprises son marc de façon à réduire à ses dernières limites les substances inertes. Il y a pour lui grande économie dans ce procédé.

La séance est levée à 11 heures 30 du soir et renvoyée au lendemain, 8 heures.

———

Deuxième Séance. — 12 octobre 1868.

Etaient présents, MM. L. Auvray, maire de Saint-Lô, président d'honneur ; Th. Elie, président ; Michelin, vice-président ; L. de Boutteville, Damours, Marie, Bataille, Buhot, Desplanques, Manoury, Dubâil, Lemennicier, Leclerc, J. Michel, Lepingard père, Queillé, Dalinier, directeur de l'Ecole normale, Deschamps, Vengeons, Huet, De Beaucoudray, Leury, Derbois, Fouques, Hervieu, Thouroude, Bernard, Letousey, et Lepingard fils, secrétaire.

Le secrétaire lit le procès-verbal de la séance précédente. Ce procès-verbal est adopté sans observations.

M. le Maire de Saint-Lô, en quelques mots heureux, exprime ses regrets de n'avoir pu, dès la première séance, souhaiter la bienvenue aux honorables organisateurs et administrateurs du Congrès Pomologique de Normandie. Il les félicite d'avoir entrepris l'œuvre capitale qu'ils poursuivent. Leurs laborieux efforts ne resteront pas stériles et, s'il advient que la routine lutte encore, il est convaincu que, grâce à l'impulsion qu'ils ont donnée et qu'ils donneront, par la suite, à l'étude des fruits à cidre, le progrès dans cette branche si importante de l'art agricole fera un pas décisif. Quant à lui, il secondera de tout son bon vouloir d'aussi louables tentatives et remercie les honorables et savants promoteurs de l'œuvre d'avoir bien voulu le faire participer à leurs utiles et intéressants travaux.

L'allocution de l'honorable maire de Saint-Lô est accueillie par d'unanimes applaudissements.

La parole est ensuite donnée à M. Michelin qui rend compte de l'origine du Congrès et des résultats de la quatrième session tenue à Beauvais.

Ce rapport, qui a captivé l'assemblée, a provoqué chez les auditeurs de nombreuses marques d'assentiment.

SEMIS DE FRUITS A CIDRE. — Il vote également et d'acclamation l'insertion au procès-verbal de l'étude suivante due à la plume savante et exercée de M. L. de Boutteville ; elle a pour objet le semis des fruits à cidre en vue de l'obtention des variétés nouvelles.

« Dans celles de nos séances qui ont déjà eu lieu, les travaux du Congrès ont suivi leur marche ordinaire, sans que des réclamations se soient élevées sur le programme qu'il s'est tracé. Cependant, Messieurs, je crois utile d'appeler votre attention sur une partie très importante de ce programme, et je vous demande la permission de vous soumettre à ce sujet quelques observations. Je veux parler de ce qui concerne les recherches des qualités que doivent posséder les fruits à cidre et de celles des variétés qui, réunissant au plus haut degré ces qualités, doivent être recommandées aux propriétaires et aux cultivateurs pour qu'ils les introduisent dans leurs cultures. Une grande portion des travaux de chacune de nos sessions n'a pas eu d'autre objet, et le programme de nos séances actuelles en appelle la continuation. Bien plus, de nombreuses analyses chimiques, provoquées par nous et exécutées par l'un des lauréats de la session de Beauvais, vont venir jeter un nouveau jour sur cette partie de nos investigations.

« Cependant, au dire de quelques personnes dont l'opinion peut faire autorité, toutes ces précautions seraient à peu près superflues, puisque, suivant elles, il suffirait, pour obtenir de bon cidre en abondance, de planter, sans les greffer, les jeunes pommiers de semis qui, dans la pépinière, présentent des indices de bon augure : bois gros et fort, feuillage ample et boutons gros et arrondis, sauf à greffer plus tard, avec des rameaux pris sur ce jeune plant, les quelques sujets qui viendraient à donner des fruits trop petits ou acerbes. Cette opinion est née à la suite de la constatation des insuccès éprouvés dans la propagation par la greffe, des excellentes variétés qui peuplaient naguère nos pommeraies, et qui, affaiblies par l'âge, ne donnent plus aujourd'hui que des arbres malingres et des récoltes tout-à-fait insuffisantes. Mais est-il sage, parce qu'on est forcé d'abandonner des variétés d'élite, qui fournissaient des cidres de premier mérite, de renoncer en même temps à multiplier par la greffe les variétés de choix que nous possédons lorsqu'elles sont encore vigoureuses et celles que des semis heureux peuvent nous donner ? On ne saurait l'admettre.

« Que les plantations d'arbres francs de pied donnent d'ordinaire d'abondantes productions, on le concède volontiers; mais que le cidre qu'elles fournissent ait habituellement toutes les qualités que l'on peut, que l'on doit désirer, celles que l'on obtient d'un choix intelligent de bonnes variétés, c'est ce qu'on ne saurait croire. Pour qu'il en fût ainsi, il faudrait être servi par un heureux hasard, en dehors de toutes les probabilités.

« Soumettez à un examen attentif les produits de nos plantations telles qu'elles sont constituées présentement : vous y trouverez communément, auprès de quelques sortes de fruits de grand mérite et de quelques autres très défectueuses, un grand nombre de variétés d'un ordre intermédiaire, qui sont loin de posséder tous les éléments d'un bon cidre. Et cependant, tous les arbres ont été l'un après l'autre entés de rameaux choisis, choisis sans doute avec trop peu de soin, mais cependant de manière à élever bien certainement les plantations au-dessus du niveau où l'eût laissé le pur hasard du semis.

« Faites une expérience plus directe. Etudiez toute une série de fruits à cidre obtenus de semis, et vous trouverez, comme je l'ai reconnu moi-même, que les fruits médiocres ou mauvais y sont en très grande majorité, et que les bons y sont rares, les très bons plus rares encore.

« Que conclure de cela ? Que pour avoir un cidre de bonne qualité, et c'est là une condition essentielle pour arriver à l'extension
de l'usage de plus en plus grand de cette boisson appelée, si elle est
convenablement préparée, à faire une concurrence très sérieuse à la
bière et aux vins de qualité inférieure, il faut apporter un soin scru-
puleux dans le choix des variétés cultivées et ne pas s'en remettre
aux chances du semis ; en vue de l'abondance du produit, s'abstenir
absolument de propager les fruits dont les arbres d'ancienne ou de
récente obtention sont malingres et manquent de vigueur ou de fertilité ; en vue de la qualité du produit, ne multiplier, ne planter que
ceux qui contiennent tous les éléments d'une boisson généreuse, de
bon goût et de bonne conservation.

« Comme conséquence et pour remplacer les bonnes variétés
usées par la vieillesse, par d'autres également bonnes douées de
toute la vigueur du jeune âge, rechercher soigneusement, au milieu des innombrables semis qui se font chaque année, les variétés
nouvelles réunissant toutes les conditions d'un arbre de premier mérite, non-seulement pour planter le pied, resté unique, dans l'un
de nos vergers, mais pour enrichir nos plantations d'arbres par
milliers greffés de ses scions.

« Imitons les jardiniers qui sèment des fruits de table, ne répan-
dons que ce qu'il y a de bon, de très bon, mais répandons-le abon-
damment, et pénétrons-nous bien de cette vérité, que, pour l'amélioration des produits qui nous occupent, le semeur qui aura choisi
parmi un mille d'égrains, dix ou douze fruits de premier mérite,
pour les multiplier par la greffe, aura mieux mérité de l'agriculture de notre contrée, et, par suite, de nos populations, que celui qui
aura rempli nos vergers d'une multitude de fruits médiocres, four-
nissant une boisson de qualité douteuse.

« Je m'arrête ici, Messieurs, et livre ce qui précède à vos médi-
tations et à votre expérience. Vous pourrez, si la question soulevée
par moi vous paraît avoir une importance suffisante, en faire l'objet
d'une de nos prochaines conférences, en vue d'une solution qui fasse
autorité. »

FABRICATION DU CIDRE. — A la suite de ces communications intéressantes à tant de titres, l'assemblée passe à l'examen des questions
posées au programme de la session.

M le Président invite M. Manoury, gérant du château de Canisy, à donner son opinion sur le meilleur mode de fabrication des cidres. M. Manoury déclare qu'il n'a pas sur cette question d'opinion bien arrêtée. Dans le cours de sa longue pratique, il a constaté qu'avec des moyens très primitifs, comme avec des appareils perfectionnés, on obtient tantôt de bons, tantôt de médiocres résultats.

Dans la contrée et presque dans tout l'ouest de la Normandie, les cultivateurs préfèrent le pressoir à tour avec meules en bois, au pilon et aux cylindres cannelés. Le brassage se fait et plus vite et mieux ; d'un autre côté, le cidre tourne moins aisément à l'aigre. M. Manoury a quelque penchant lui-même à préférer les meules en bois aux meules en granit ; cependant il a renoncé aux unes et aux autres ainsi qu'à l'ancien mécanisme pour adopter le concasseur Berjeot et le pressoir Salmon *avec claies en bois*, parce que le rendement est plus considérable et que le résultat est parfait. Malgré tout, il utiliserait plus volontiers encore la presse hydraulique qui fournit un tonneau de jus en une heure. Il y a économie de temps, de main-d'œuvre et une plus forte production de jus.

M. Manoury s'explique, d'ailleurs, fort bien pourquoi les cultivateurs préfèrent, en général, le tour et les meules en bois à tout autre appareil. Le sarrazin occupe une place considérable dans la culture ; or, cette céréale nécessite un frottage qui se pratique aisément et économiquement dans les tours. Ceux-ci supprimés, le frottage doit se faire par l'homme qui, en un jour, produit, non sans de grandes fatigues, un travail qui demande un quart d'heure environ avec le tour et les meules.

Interrogé par M. Michelin sur le point de savoir s'il regarde la méthode par *déplacement* comme praticable dans la petite exploitation, le déposant répond qu'il n'a pas d'opinion faite sur ce point ; mais qu'en tout cas, cette méthode ne donnerait que du cidre étendu d'eau. Il a été en mesure de suivre une expérience faite, il y a longtemps déjà : des pommes saines mises à macérer dans l'eau ont donné, au bout de huit jours, une boisson presque égale au cidre ordinaire. Quand on écrasa ces mêmes pommes, elles ne rendirent que de l'eau, celle-ci ayant déplacé et remplacé les sucs renfermés dans le fruit.

De ce fait, le déposant tire la conclusion que pour avoir du cidre d'excellente qualité, il ne faut pas laisser les pommes exposées aux pluies, mais bien les tenir au sec.

A cette occasion, M. Bataille, jardinier à Avranches, fait remarquer qu'à Lolif, commune réputée à juste titre pour la qualité supérieure du cidre, les cultivateurs soigneux placent leurs pommes à l'abri des intempéries, ou au moins sur un terrain incliné et le plus sec possible.

Sur une interpellation de M. L. de Boutteville, relative à l'emploi de la presse hydraulique dans la fabrication du cidre, M. Manoury fait connaître qu'il a pris part à une série d'expériences effectuées sous la direction de la Société d'Agriculture du Calvados, avec la presse hydraulique de l'Hôtel-Dieu de Caen. La même quantité de pommes a été soumise à l'action de cette presse et à celle du pressoir ordinaire ; avec la presse hydraulique les rendements ont dépassé de 10 et même de 15 % ceux des anciens pressoirs.

M. L. Auvray, maire de Saint-Lô, demande si la presse hydraulique n'aurait pas pour effet d'écraser les pépins et de communiquer au cidre un goût acerbe. M. Manoury ne le pense pas, sans oser cependant rien affirmer à cet égard. Il note, en passant, qu'avec les appareils généralement en usage dans nos campagnes les pépins écrasés ne dépassent pas 1 0/0. Il en a fait l'expérience à diverses reprises.

Son opinion n'est point complètement partagée par M. de Boutteville. S'il est avéré que l'huile âcre des pépins ne nuit pas à la qualité du cidre, ce n'est qu'à la condition qu'elle n'y entrera que dans une très minime portion ; autrement le goût serait sérieusement compromis.

Invité à se prononcer sur la valeur du soutirage des cidres, le déposant émet l'opinion que, pour avoir une boisson agréable, il faut opérer deux fois : d'abord, lors de la première fermentation ; ensuite, quand le cidre a déposé sa lie. Ainsi traité, un tonneau se gardera de 4 à 6 ans. En laissant le liquide sur sa lie, celui-ci devient plus acerbe et plus fort.

M. Vengeons ne croit pas un double soutirage utile. Il attend que par la fermentation le cidre ait expulsé son écume et la grosse lie composée de gros fragments de pulpe. Il soutire ensuite lorsque le cidre s'est bien clarifié. Par ce moyen, il évite une perte de temps et du travail inutile.

Le Congrès s'occupe ensuite de la contenance des fûts, M. Derbois, Président du Tribunal de Commerce de Saint-Lô, demande si les grands fûts sont préférables aux petits.

Il lui est répondu par M de Boutteville que la question semble aujourd'hui unanimement résolue en faveur des grands fûts, quand il s'agit de conserver longtemps les cidres ; mais que la même unanimité ne se retrouve pas quand les fûts sont en vidange ; les uns préfèrent les petits fûts, les autres les grands.

M. Vengeons se range parmi ces derniers. Il a fait l'expérience des deux modes, il donne la préférence aux grands fûts, alors même qu'on y tire pour la consommation journalière.

A cet égard, son opinion est partagée par M. Dalimier, directeur de l'École normale primaire de Saint-Lô, qui cite la pratique suivie dans l'établissement confié à ses soins. Les tonnes de l'école sont de 100 hectolitres, contenant 2/3 d'eau et 1/3 de jus. Le cidre d'une tonne, commencée au 1er mai dernier, a conservé, au moment où nous sommes, la même saveur, la même qualité qu'au début ; il attribue ce résultat satisfaisant à la couche de mucosités qui se forme à la surface du liquide et qui le préserve de l'oxydation par le contact de l'air.

Interrogé par M. L. de Boutteville sur le choix des espèces de *pommes* pour la fabrication du cidre, M. Manoury se montre partisan des anciennes espèces et regrette l'emploi des *gros pommages*, qui n'offrent pas toujours les qualités qu'on devrait rechercher. Il ne partage point la pensée de ceux qui voudraient ne voir planter que des surets. Par cette méthode, on n'obtient que très accidentellement des espèces méritantes. Que si l'on objecte que celles-ci seront seules conservées ; que plus tard on greffera les espèces mauvaises ou médiocres, il répond qu'il faut faire la part des *insouciants* nombreux en fait de choses agricoles ; que ceux-ci, lors même qu'ils verraient des fruits mauvais à leurs arbres francs de pied, les conserveraient néanmoins si les sujets étaient beaux et vigoureux. Il ajoute qu'il ne faut pas oublier que la greffe améliore les fruits ; qu'un fruit, bon par lui-même, devient meilleur encore quand il a été greffé D'où, pour lui, la nécessité de ne planter, en général, que des sujets greffés.

Quant à la manière de greffer les arbres à cidre, il préfère, quand on travaille pour soi, greffer le sujet jeune et bas. S'il s'agit d'un pépiniériste, qui veut faire du commerce, il greffera bas les sujets vigoureux, tandis qu'il greffera haut ceux qui sont faibles.

M. Derbois demande quel est le meilleur mode de récolter les pommes à cidre. A son sens, le gaulage a les plus grands inconvénients en ce que, fait sans soin, il détruit les nourrices et conséquemment la récolte suivante.

M. de Boutteville partage, à ce sujet, la manière de voir du préopinant; il cite une méthode essayée depuis quelques années dans la Haute-Normandie. Des individus ont la cueillette des pommes. Ils placent sous chaque arbre une toile tendue sur des piquets et abattent les fruits. Disposée en forme d'entonnoir, la toile permet à ceux-ci de tomber dans un pannier, au moyen duquel on les transporte au lieu de dépôt indiqué. La besogne se fait rapidement et les fruits restent propres, ce qui est un gage de succès pour la boisson qu'on en retire.

M. Vengeons trouve également défectueux le gaulage des pommes; il y a renoncé; il ébranle les branches, le fruit tombe et est ramassé à la main.

Quoique mauvais, le gaulage paraît à M. Manoury un procédé indispensable; il est rapide, partant économique, surtout quand on le pratique dans une vaste exploitation. Il considère, dans ce dernier cas, comme impossible l'emploi des toiles et l'abattage des fruits par ébranlement. Il ne l'admet qu'autant qu'il se fait tardivement et pour recueillir les derniers fruits attachés à l'arbre.

La séance est levée à cinq heures et demie.

—

Troisième Séance. — **12 *octobre* 1868.**

La séance est ouverte à sept heures du soir.

Etaient présents : MM. L. Auvray, maire de Saint-Lô, président d'honneur; Th. Elie, président; Michelin, vice-président; L. de Boutteville, Damours, Marie, Bataille, Buhot, Desplanques, Manoury, Dubail, Lemonnicier, Leclerc, J. Michel Lepingard père, Queillé, Dalinier, directeur de l'Ecole normale, Deschamps, Vengeons, Huet, de Beaucoudray, Leury, Derbos, Fouques, Hervieu, Thouroude, Bernard, Letousey, et Lepingard fils, secrétaire.

Fabrication du cidre. — Après la lecture et l'adoption du procès-verbal de la précédente séance, la parole est donnée à M. Bataille pour fournir des détails sur la fabrication des cidres dans l'Avranchin

Le déposant dit que les cultivateurs jaloux d'avoir de bon cidre recherchent, dans leurs champs, les meilleures espèces qu'ils assortissent; que la cueillette faite, ils en placent le produit sur un coteau au soleil, sur une herbe touffue; qu'ils étendent les pommes en couches peu épaisses parce qu'elles se font mieux et plus uniformément; qu'ils attendent leur parfaite maturité, c'est-à-dire que la majorité ne soient ni vertes ni pourries; qu'ils prennent de grands soins pour brasser proprement le cidre, attendu qu'ils savent fort bien que le cidre traité autrement est d'une moins bonne qualité et d'une plus difficile conservation.

M. Bataille est en rapport avec un commerçant d'Avranches, qui expédie des cidres sur Paris. Ce commerçant n'achète jamais dans l'est et le sud-est d'Avranches, dont le sol est argileux, les cidres de cette provenance ne supportant pas aisément le transport. Il préfère ceux de Marcey, Saint-Jean-de-la-Haize, Bacilly, etc. M. Bataille est tenté d'attribuer cette préférence à la nature du sol, composé d'une couche de terre végétale directement placée sur le tuf. Il fait remarquer que les cidres de cette provenance sont plus vifs que les autres. Comme preuve de ce qu'il avance, il cite également la préférence que les consommateurs de Granville donnent aux crûs de Dragey et de Ronthon, dont le terrain se rapproche du précédent. Les armateurs n'en achètent pas d'autres pour leurs provisions.

Dans l'Avranchin, le mode de brassage est demeuré le même qu'autrefois; si, dans les villes, on emploie les moulins à bras, à la campagne, le paysan préfère encore les pilettes ou les tours en pierre avec meules en bois.

M. Bataille complète ces renseignements en faisant connaître qu'en général, on opère le transport des cidres vers Pâques, après la fermentation; que le soutirage est reconnu la meilleure méthode pour conserver au cidre sa bonne qualité, sa finesse; qu'enfin pour la fabrication des petits cidres, par le remiage, on a soin d'enlever toutes les pailles ayant servi à asseoir les marcs. Sans cette précaution, la boisson extraite en deuxième lieu contracte un goût désagréable.

Sur ces entrefaites, M. Lepingard demande que l'on précise ce que l'on doit entendre par *bon cidre*.

Pour être bon, le cidre doit-il être alcoolique, capiteux ?

L'Assemblée se divise en deux camps sur ce point.

Les uns, et entre autres MM. de Boutteville, Michelin, Damours, etc., soutiennent que par *bon cidre*, il faut entendre celui qui est susceptible d'une longue durée, celui qui supporte facilement le transport, celui qui, enfin, procure au producteur le plus de bénéfices, soit qu'il le vende en nature, soit qu'il le transforme en alcool (1).

Les autres, MM. Vengeons, Huet, Lepingard et de Beaucoudray, etc., prétendent que la qualification de *bon* ne convient qu'aux cidres qui se distinguent par la saveur, par un bouquet agréable ; c'est-à-dire *ceux qui rappellent leur buveur*, selon l'expression consacrée. Est-ce que l'on classe parmi les bons vins les crûs chargés du Midi ? Et cependant ces derniers sont essentiellement alcooliques.

Donc les bons cidres sont les cidres liquoreux, agréables à boire.

Les autres, tels que ceux de *la vallée d'Auge* sont de *gros cidres*; mais non de *bons cidres*. Qu'on étudie ce qui se passe à Caen, ville située aux confins des deux contrées productrices, l'une des cidres légers, l'autre des gros cidres ; dans la consommation ordinaire, le cidre d'Auge est généralement reçu dans un but d'économie. En effet, on le surcharge impunément d'eau. Mais si les petits ménages veulent faire un régal, ils recherchent le *cidre dit de pays*, c'est-à-dire celui du Bessin et de la Manche. Pour eux, ce dernier remplace *les vins fins*.

Donc le bon cidre est celui qui flatte le goût au plus haut degré.

M. de Boutteville convient que la question est délicate et d'une

(1) Cette partie du procès-verbal rend inexactement l'opinion des membres du Congrès qui y sont nommés. D'après eux, pour qu'un cidre réunisse toutes les qualités que l'on doit désirer, il convient non-seulement qu'il soit agréable de saveur et de parfum, mais encore qu'il renferme du tannin, de l'alcool, etc. en quantités suffisantes pour constituer une boisson en même temps fortifiante et susceptible de se conserver et de supporter le transport, puisqu'une très grande proportion du cidre récolté n'est pas destinée à être bue immédiatement et sur les lieux de production. — En émettant cette opinion, ils avaient présents à la mémoire les cidres dégustés dans la dernière session du Congrès, lesquels, leur a-t-on déclaré, ne pouvaient être conservés au-delà de six mois sans s'aigrir, ni être transportés sans altération d'une extrémité à l'autre de l'arrondissement s'il n'étaient additionnés de poiré.

14

solution difficile ; que cette solution peut varier suivant le point de vue où l'on se place S'agit-il de commerce ? Le meilleur cidre est le plus alcoolique. Au contraire, parle-t-on de la consommation bourgeoise, les cidres légers, gracieux, doivent être plus prisés.

Dans de telles conditions, l'honorable membre propose de terminer l'incident, ce à quoi consent l'Assemblée.

La séance est levée à dix heures et demie du soir.

Quatrième Séance. — 13 *octobre* 1868.

Le Congrès a consacré la journée du 13 octobre, partie à l'examen des nombreuses collections de fruits à cidre envoyées de tous les points de la Normandie, partie à la continuation de l'étude des principales variétés composant ces collections. (Elles ne cubaient pas moins de 45 hectolitres).

Constitué en Jury, il a proposé à la Société d'Horticulture de Saint-Lô, qui s'est empressée de *déférer* à ses vœux, d'accorder les récompenses suivantes aux présentateurs les plus méritants :

Médaille d'or. M. Brasy, instituteur à la Colombe (Manche). Sa collection comptait plus de 300 variétés.

Médaille de vermeil ex-æquo. M. Lelièvre, instituteur à Hautteville-la-Guichard (Manche);

Id. M. Gombault, instituteur à Hottot-les-Bagues (Calvados), pour une collection de 170 variétés chacune.

Médaille d'argent G. M. M. Cirou, instituteur à Montbray (Manche);

Id. La Corporation des Jardiniers de Bayeux;

Id. *P. M.* La Société d'Horticulture d'Avranches (Manche);

Id. M. Frété, Elie, horticulteur à Fresney-sur-Sarthe;

Id. M. Delalonde, jardinier à Remilly (Manche).

Médaille de bronze G. M. M. Lemperière, jardinier à Saint-Côme-du-Mont (Manche);

Id. M. Bréard, instituteur à Saint-Georges-Montcocq (Manche);

Id. *P. M* M. Hiroult, instituteur à Fresney-le-Puceux;

Id. M. Féron, préposé à Saint-Lô (Manche);

Id. M. Le Provost, instituteur au Dézert, id.;

Médaille de bronze. M. Loisel, id., à Cerisy-la-Forêt, id.;

Id. *P. M.* M. Maupas, id., à Montgardon, id.;

Id.   M. Melot, id., à Villiers-Fossard, id.;

Id.   M. Marie, id., à Remilly, id.;

Id.   M. Piel, id., à Brécey, id;

Id.   M. Godard, id., à Hébeirevon, id.;

Mention très honorable. M. Orange, id., à Lolif, id..

Id.   M. Lavolley, id., à Robehomme (Calvados);

Id.   M. Bucaille, id., à Torigny (Manche);

Id.   M. Liot, id., à Saint-Jean-des-Buisants, id.;

Id.   M. Delanoe, id., à Fleury, id.

Mention honorable. M. Hersent, instituteur à Flamanville, id.;

Id.   M. Eury, id., à Teurtheville-Bocage, id.;

Id.   M. Lebedel, id., à Picauville, id.;

Id.   M. Potier, id., à Saint-Georges-de-Bohon, id.;

Id.   M. Gohin, id., à Carantilly, id.;

Id.   M. Delaune, id., à Montabot, id.;

Id.   MM Vengeons et Huet, de Saint-Lô, id.;

Id.   La Société d'Horticulture de Mortain, id.;

Id.   M. Lemaître, instituteur à Marcey, id.;

Id.   M. Perrodin, id., au Grand-Allaud, id.;

Id.   M. Geffroy, id., à Tirepied, id.;

Id.   M. Violet, id., à Saint-Amand, id.;

Id.   M. Bailleul, id., à Cavigny, id.

Le Congrès a constaté, avec une très vive satisfaction, la part prise par le personnel des instituteurs aux travaux du Congrès, et aperçoit dans ce concours un signe d'un heureux augure pour l'entreprise qu'il patronne.

Cinquième Séance. — 14 *octobre* 1868.

La séance est ouverte à huit heures du matin.

Etaient présents, MM. Th. Elie, Président, L. de Boutteville, Michelin, Damours, Dalimier, Huet, Derbois, Roulland, Le Pesant, J. Girard, Du Poërrier de Portbail, Cavron, Dubail, Doray, Choisy, Marie, J. Michel, Lemennicier, Bataille, Buhot, Desplanques, Manoury, Queillé, Lepingard père, Leury, Vengeons, Fouques, Hervieu, Thouroude, Dr Letousey, Dr Bernard, Leclerc, et Lepingard fils, secrétaire.

M. le Président déclare la séance ouverte et invite M. le Secrétaire à donner lecture du procès-verbal de la précédente réunion.

Ce procès-verbal est lu et adopté sans observations.

DÉGUSTATION DE CIDRES. — M. le Président fait connaître que l'ordre du jour appelle le Congrès à déguster divers échantillons de cidre des environs de Saint-Lô.

Quatre de ces cidres sont présentés par M. Raulin, de Villiers-Fossard ; ils ont été récoltés en 1865, 1866, 1867 et 1868.

L'échantillon de 1865 n° 1, n'étant pas pur, est considéré simplement comme une bonne boisson.

Le n° 2, de 1866, est jugé assez bon pour l'année à laquelle il appartient.

Quant au n° 3, sa qualité laisse à désirer.

Enfin le n° 4, récemment brassé, n'est pas susceptible d'être apprécié

M. Vengeons soumet du cidre de 1867 récolté à Saint-Lô même. Le Congrès le cote : *assez bon.* Cet échantillon porte le n° 5.

Le cidre de M. Dubail (échantillon n° 6), bien qu'il révèle une bonne qualité, n'est pas encore suffisamment paré pour être définitivement jugé.

Récolté à Saint-Georges, en 1867, par M. Nourry, le n° 7, bien que contenant 1/5 d'eau, est classé assez bon

On classe comme bon cidre le n° 8, du crû de Sainte-Croix-de-Saint-Lô, récolté en 1867 par M. le Dr Letouzey. Il est d'observation, toutefois, que ce cidre a été mis en bouteille.

Enfin le n° 9, d'Agneaux, et récolté, en 1867, par M. Thouroude, est jugé d'une qualité fort ordinaire.

En somme, tous les cidres dégustés n'ont pas la qualité qu'offrent ordinairement les cidres de la Basse-Normandie.

RENOUVELLEMENT DES MEMBRES DU CONSEIL D'ADMINISTRATION. — M. le Président, sur l'invitation de M. de Boutteville, rappelle à l'assemblée que le Conseil d'Administration du Congrès doit, aux termes de l'article 5, § 4, des statuts, être renouvelé par tiers chaque année ;

que le tiers des membres sortants en 1868 comprend : MM. de Bout-
teville, Michelin, Damours, de Formigny de la Londe, Delfaut et
Laisné; qu'enfin il convient de pourvoir au remplacement de
M. Nicolle père, de Rouen, récemment décédé.

Il ajoute que les membres sortants sont rééligibles.

Conformément à cette invitation et au réglement, il est procédé
au scrutin secret et par bulletin de liste au renouvellement régle-
mentaire.

Sur 33 suffrages exprimés :

MM. Formigny de la Londe, Delfaut, Laisné, membres sortants,
réunissent l'unanimité des voix

MM. L. de Boutteville, Michelin et Damours, également administrateurs sortants, sont élus par 32 suffrages.

M. Mauduit, pépiniériste au Boisguillaume, près Rouen, est élu
par 33 voix, en remplacement de M. Nicolle, décédé.

L'ordre du jour étant épuisé et le but du Congrès étant rempli,
M. le Président déclare la session close.

ROUEN — IMP. H. BOISSEL.

www.ingramcontent.com/pod-product-compliance
Lightning Source LLC
Chambersburg PA
CBHW070543200326
41519CB00013B/3108